A Beginner's Guide to Organic Wine

知識ゼロからの オーガニックワイン入門

田村 安
オーガニックワイン専門店
マヴィ代表

幻冬舎

Intoroduction

はじめに

近年人気上昇中の、オーガニックワイン。健康志向の高まりもあって取り扱う店が増え、ワイン通ならずとも一度は目にしたことがあるでしょう。

しかし、ヨーロッパにおける大量生産を前提とした新オーガニックワイン醸造規定の制定で、これまでの「農家が造るオーガニックワイン」だけでなく、「工業製品のオーガニックワイン」も大量に生産されるようになりました。なかには、オーガニックと謳いながら添加物を使用しているものも。飲んでみたものの、おいしくなかったという声も聞かれます。

本書は、そんな状況のなかで、本物の価値ある一本に出会い、楽しんでいただくための入門書です。プロローグでは、情熱的な造り手たちの横顔を綴っています。チャプター1では、オーガニックワインの魅力と特徴に触れ、チャプター2では、自信を持っておすすめできる世界のオーガニックワインを紹介。チャプター3では、購入方法や保管など、オーガニックワインを楽しむためのコツをアドバイスしています。

本書を通して知識を深め、オーガニックワインの世界をより深く楽しんでいただけると幸いです。

マヴィ株式会社代表　**田村安**

CONTENTS

Chapter

2

世界のおすすめワイン

Chapter 3

Piologue

生産者訪問記

オーガニックワインが生まれる現場を訪ねて

オーガニックワイン専門店マヴィのスタッフが、オーガニックワインに情熱を傾ける4人の造り手を訪問。ワイン造りとライフスタイルへのこだわりをうかがいました。

EPISODE 1

（フランス ブルゴーニュ）

ペルチエ家

EPISODE 2

（ フランス ルーション ）

ブーリエ家

EPISODE 3

（スペイン アンダルシア）

ネヴァド家

EPISODE 4

（ イタリア ピエモンテ ）

ロヴェロ家

EPISODE 1

（フランス ブルゴーニュ）

ペルチエ家
Pelletier

古樹に語りかける熱血漢。素晴らしい畑とワインは愛娘への贈り物

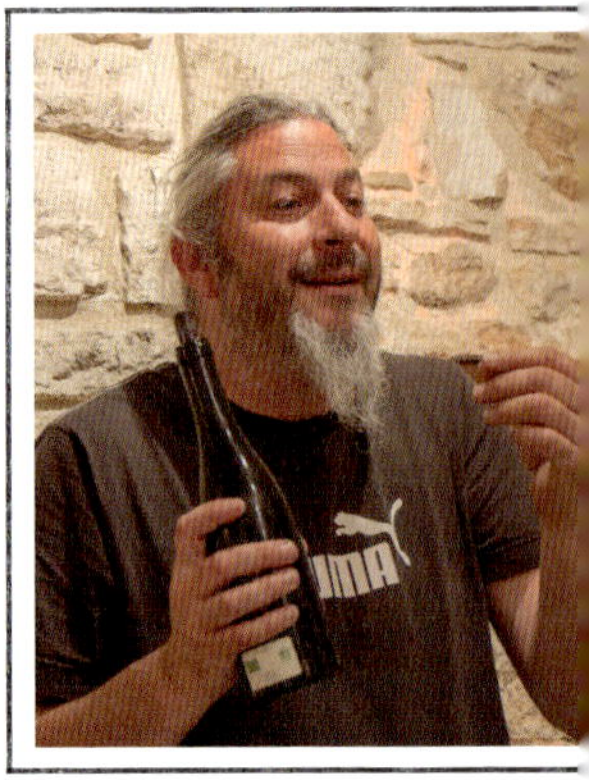

パワフルで熱い当主が率いる家族経営のワイナリー

「シャトー ド プレモー」を営むペルチエ家の畑は、ブルゴーニュのニュイ サン ジョルジュに位置します。銘醸地ブルゴーニュのなかでも、特に主要な産地はコート ドール（フランス語で「黄金の丘」）と呼ばれています。コート ドールの北エリアのコート ド ニュイ地区、さらにそのなかの一番南が、ニュイ サン ジョルジュです。

　ブルゴーニュでは素晴らしい畑に、特級、1級という格付けがされていますが、ここニュイ サン ジョルジュは、「素晴らしい畑が多すぎてどこもかしこも特級畑になってしまうため、あえて全て1級畑とされている」という話があるほど、恵まれた土地です。

　ペルチエ家は、１９２０年にシャトーを購入して以来ずっと家族でワイナリーを経営しています。シャトー ド プレモーの5代目当主は、長身で少しワイルドな風貌のアルノーです。30代の若さでワイナリーを継いだアルノーは、パワフルで愛情深い熱血漢。よく通る力強く温かい声で、「ほら、おいしいだろう！」と自慢のワインを何杯もすすめてくれます。

　ぶどうとワイン造りについて語るときは、本当に部屋の温度が上がっているのではないかと思うほどの熱気。自分の手がける畑とワインを心から愛し、情熱を傾けていることが伝わってきます。

隣家にも直談判！ぶどうとワインへの深い愛

　ワイナリーを訪問した際には、樹齢92年のぶどうの古樹を見せてくれました。アルノーはそのぶどうの木に、「彼女は本当に美しいだろう？本当に小さい粒、そしてすごく少ない果汁しかとれない。ほとんどが皮なんだ。でもこのぶどうが素晴らし

オーガニックワインが生まれる現場を訪ねて

カーヴで試飲。自分が造ったワインを試飲するのも楽しみのひとつなのだそう。

プレモーのワインは95%以上が個人向け。2016年は不作で、通常4段積む樽が2段に。

い味わいを生むんだ」という愛情いっぱいの言葉をかけていました。本来であれば若木に植え替えた方が、ぶどうの収穫量が増え、ワインをたくさん造ることができて合理的です。ブルゴーニュ産のオーガニックワイン、しかもこれだけ完成度の高い作品であれば、買い手はいくらでもつくでしょう。

でもアルノーはそれをしません。ぶどうとワインへの、深く熱い愛の表れです。

アルノーの熱血ぶりが伝わるエピソードは数多くあります。あるときは自分の1級畑に隣接する畑がオーガニック栽培ではないことが我慢できず、隣家を訪ねて「自分が責任を持って心を込めてやらせてもらうので、あなたのこの区画のぶどう栽培を任せてくれませんか?」と直談判したこともあったといいます。最初は相手にされませんでしたが、次第に熱意が通じ、今では隣家も自らオーガニック栽培をしています。

生産性の面では劣る古樹も大切に守る。足元に茂る雑草は、オーガニック栽培の畑の特徴。

収穫量は前年比85％減 天候に左右されやすい苦労も

これほどの情熱と愛情を持ってひとつひとつの畑を大切にしていても、天候に左右されやすいのがオーガニック栽培でのワイン造り。うまくいかない年ももちろんあります。今回訪問した際は、前年の天候がよくなかったそうで、収穫量がいつもより85％も減ってしまったのだとか。カーヴの中には樽がたくさん積まれているように見えましたが、アルノーは「普段は4段積むところを2段ずつしか積んでいない。こんな年はもう経験したくないね」と苦笑いしていました。

不作のために、先代がオーガニック栽培をあきらめようかと悩んだ年もあったといいます。しかし、アルノーは頑として譲らず、今も努力と工夫を凝らしながらオーガニックワインを造り続けています。

シャトー ド プレモーの素晴らしい畑、美しく牧歌的な風景、化学物質に汚染されていないきれいなワインは、そんなアルノーの努力の賜物です。そしてそれらは、次の世代――彼の愛娘のリルーちゃんへの贈り物でもあります。「自分たちが行っているオーガニック農業と農場の美しい自然を娘に引き継げることを、心から誇りに思っているんだ」と彼は語ります。

醸造所の壁には、愛娘リルーちゃんによる「パパ、大好き！」という落書きが。

Data

シャトー ド プレモー

Château de Premeaux

■住所：Place de la Mairie, 21700 Premeaux-Prissey
■オーガニック歴：白ワインは1999年から、赤ワインは2004年から転換開始。2012年に完全にオーガニック化
■主要品種：ピノノワール、シャルドネ、アリゴテ

EPISODE 2

（フランス ルーション）

ブーリエ家

Philippe et Séverine Bourrier

虹色のカーヴで生まれる完璧主義者こだわりの妥協なきワイン

新進気鋭の生産者が集う地で抜きん出たワイナリー

スペインにほど近い南仏ルーションのペルピニャンという町の近くに、ブーリエ家が営むワイナリー「シャトー ド ルー」があります。この辺りはもともとバルセロナと同じカタルーニャ君主国でしたが、スペインとフランスが分割して国境線ができたため、国は違ってもどこか似通った雰囲気があります。フランスのなかでも、この地方は最も雨が少ないといわれています。地中海の暑く乾燥した気候は、ぶどう作りにぴったり。多くの新進気鋭のオーガニックワイン生産者が、理想のワイン造りを求めて移住する地でもあります。

そのなかでもこのブーリエ家は、抜きん出た存在。1998年にぶどう畑を購入したときからオーガニック一筋のブーリエ家のワインは、数々のコンクールで受賞しています。それだけでなく、近隣の子どもたちを受け入れて収穫体験ができる機会を作ったり、地元の農家をめぐって恵みを味わうツアーを仕掛けたり。地元のオーガニック栽培やオーガニックワインの発展のために様々な活動に取り組む、まさにオーガニックの牽引者なのです。

自然と調和し、〝風景〟を作ることができるこの仕事に夢中

ワイン造りを始めた頃はペルピニャンの町中に住んでいたブーリエ家ですが、いつもぶどうの様子を見ていたいからと、畑の真ん中に家を建ててしまいました。豊かなぶどう畑からは、ピレネー山脈最南端の高峰、雄大なカニグー山を望むことができ、風光明媚そのものの風景が目の前に広がります。朝の凛とした空気の中で見る地中海からの日の出、カニグー山へ沈む太陽……。「自然と調和し、自分たち自身で〝風景〟を作ることができる今の仕事に夢中」と、夫婦は語ります。

芸術的な感性の豊かなセヴリーヌのセンスが垣間見えるワイナリー。

畑を知り尽くしているセヴリーヌ。ぶどうとワインについて語る眼差しは真剣そのもの。

完璧主義者の夫人が畑の世話とワイン造りを担う

ブーリエ家は家族経営のワイナリーですが、現在は主に夫人のセヴリーヌが畑の面倒をみています。ブーリエ家の34haの畑は、非常に古い歴史があり、中世のテンプル騎士団が近くの川を掘り起こして作った土地だとか。ぶどうの樹齢は10～65年。他の農家と同じように病害対策として少量の硫黄やボルドー液を使用しますが、量を最低限にできるよう、枝を持ち上げて風通しを良くしたり、強風を避けて夜にまいたりと、様々な工夫を凝らしています。

ぶどう畑の世話と同じく、ワイン造りもまたセヴリーヌの担当です。ボルドー大学で醸造学を修めた彼女は、とにかくワイン造りに情熱を注ぐ、筋の通った完璧主義者。失敗が大嫌いで、自分が気に入らないワインは決して市場に出しません。理想の味わいを追求するセヴリーヌがワイン造りに使う樽は、全てブルゴーニュ産。しかも一度使った樽は二度と使わず、他のワイン業者へ売ってしまうこだわりぶりです。

妥協を許さない厳しさと芸術的な感性に満ちたワイン

　ワイナリーの醸造所を訪れて一番に目を引くのが、虹色のタンクです。ワイン造りが大好きなセヴリーヌは、醸造所に長い時間こもって作業をすることもあります。そこで「せっかく長い時間を過ごすカーヴなんだから明るい気持ちでいたい」とタンクもワイン樽も、虹色にしてしまったのです！　他にもかわいいオブジェや壁の装飾など、セヴリーヌのセンスがあちこちに発揮されています。

　意欲的で妥協を許さない厳しい面と、チャーミングでセンスあふれるアーティストの面を合わせ持つ彼女のワインは、しなやかで香りが良く、完成度が高いのに親しみやすさもあるという、彼女そのもののように魅力的なバランスで成り立っています。

　畑のこと、ワインのこと、家のこと、子どものこと……。ほとんど一手に引き受けている、スーパーウーマンのようなセヴリーヌ。「同じことを繰り返すのは好きじゃない」「人を喜ばせることが大好き」と語る彼女は、毎年次々と新しいワイン造りに挑戦し、いつも飲み手を驚かせてくれるのです。

ぶどうの樹齢は10〜65年。古い樹を抜いたら、新しい苗を植えるまでに3〜4年寝かせる。

収穫は手摘み。約25人で3週間かけて行う。シャルドネが一番早く、8月末に開始。

Data

シャトー ド ルー
Château de l'Ou

■住所：Route de Villeneuve, 66200 Montescot, Feance
■オーガニック歴：1998年から
■主要品種：シラー、グルナッシュ、カリニャン、ムールヴェードル、カベルネ ソーヴィニヨン、シャルドネ、ルーサンヌ、ヴィオニエ　など

EPISODE 3

(スペイン アンダルシア)

ネヴァド家
Nevado

近代化を免れた辺境の地で
古くから受け継がれる
シェリーワインの元祖

慣行農業が伝わらず
伝統的なぶどう栽培を続ける

オリーブオイルの一大産地、スペインアンダルシア州コルドバ県の市街地から、車で約2時間。どこまでも続く赤茶色の土と、オリーブの木々だけの山道をひたすら進み、この先に本当に人が住んでいるのだろうかと心配になってくる頃、山岳地帯の中にぽつりと浮かび上がるように白い家々の集落が見えてきます。

この人口3700人ほどの小さな村ビジャビシオサに住むのが、アンダルシア州で最初にオーガニック認証を取得したネヴァド家です。人里から離れすぎているために、近代以降の慣行農業が伝わらなかったネヴァド家。化学肥料などを使わず昔ながらの方法でぶどう栽培を続けていたところ、認証団体から「これはオーガニックだね」と言われてオーガニック認証を取得したという、一風変わった経緯の持ち主です。

ネヴァド家で造っているのはシェリータイプのワイン「ドラド」です。シェリーは世界三大酒精強化ワインのひとつとされ、通常はアルコールを添加しますが、ネヴァド家のドラドはアルコールを加えません。

通常のシェリーの原料となるヘレス地方のぶどうは、糖度が足りず、アルコール度数が15度を超えられないため、アルコールを足すしかありません。しかし、ここシエラ・モレラ山脈で育つぶどうは糖度が高いうえ、木の樽で寝かせる間に水分が蒸発してアルコール度はさらにアップ。十分なアルコール度数が得られるので、添加の必要がないのだそう。まさにシェリーワインの元祖といえます。

発酵は、蓋のない大きなかめとステンレスの2種類のタンクで行われ、樽に移してからも続きます。中を見せてもらうと、「フローラ」と呼ばれる酵母の膜が、ワインの表面を覆っています。酸化を緩やかにすると

（上）この州ではオリーブ栽培や牧畜が盛ん。ネヴァドさんは農家民宿も経営する。一歩外に出るとオリーブ畑の絶景。（下）高い糖度を誇るネヴァドさんのぶどう。

ともに、シェリー独特の風味を生み出すのに欠かせない存在です。

10年かけてゆっくりと紡がれるワインの歌に耳を傾けて

醸造所を出て村の外れに向かうと、ぶどう畑の真ん中に、発酵が終わったワインを熟成させる施設「ボデガ」があります。中は、たくさんの樽が整然と並ぶ圧巻の空間。ネヴァドさんが、熟成中の樽から直接ワインを汲んで、試飲させてくれました。「ヴェネンシア」という長い柄杓のような専用の道具でワインをグラスに注ぐと、湧き水が流れるような美しい響きが聞こえてきます。

「試飲はまず音を聞き、色を見て、香りをかぐ。ワインがどう歌っているか感じて」

試飲のコツを丁寧に教えてくれるネヴァドさん。言われた通りにゆっくり味わうと、グラスに注がれたワインがまるで生き物のように感じられるから不思議。

（上・下）ボデガの周りにどこまでも広がるぶどう畑。ぶどうの葉が太陽の光をいっぱいに浴びて輝く光景は天国のように美しい。
（右）セメントタンクで発酵中のワインの表面には酵母の膜「フローラ」が。この後ステンレスタンクでさらに発酵。

冬は近隣の羊飼いがネヴァドさんの畑に羊を放牧。雑草を食べさせる。

ドラドはアルコール度数が17度ほどですが、なめらかな口当たりと芳醇な香りで、どこまでも心地よく飲めてしまいます。

醸造所で発酵させたできたてのワインは、高く積まれた樽のなかでも一番上の樽に入れられ、熟成が進むにつれて上から二番目、三番目と、順番に下の樽に移されます。一番下の樽からワインを出荷するたびに少しずつ移されるため、ドラドの場合、下の樽まで到達するのに約10年かかり、こうして一定の品質が保たれるのです。

植物や動物の営みの循環に溶け込むように生活する心地よさ

ぶどう畑の向こうの山にはオリーブ畑やコルクの木、イベリコ豚の飼育場があります。大きな町から離れたこの土地での生活は、ほとんど自給自足。ぶどうやオリーブの搾りかすは畑の肥料になり、コルクの木に実るドングリはイベリコ豚の餌になります。冬は羊飼いが畑に羊を放し、春は養蜂家が巣箱を持ってきて、蜂蜜を採取していきます。

様々な植物や動物の営みが循環するネヴァド家に滞在していると、心地よさにほっとします。過不足なくシンプルでおいしいものを楽しむこと、自然のサイクルに溶け込むように生きる人々の思いや伝統を大切にすること。まさにオーガニックなライフスタイルがここにあります。

飼育するイベリコ豚の餌は、自家栽培のコルクの木から。自然の循環ができている。

Data

ボデガス ガブリエル ゴメス ネヴァド
Bodegas Gabriel Gomez Nevado

■住所：M. Arribas, 104 14300 Villaviciosa de Cordoba
■オーガニック歴：有史以来（認証は1988年から）
■主要品種：ペドロヒメネス、パロミーノ、アイデン

EPISODE 4

（ イタリア ピエモンテ ）

ロヴェロ家

Rovero

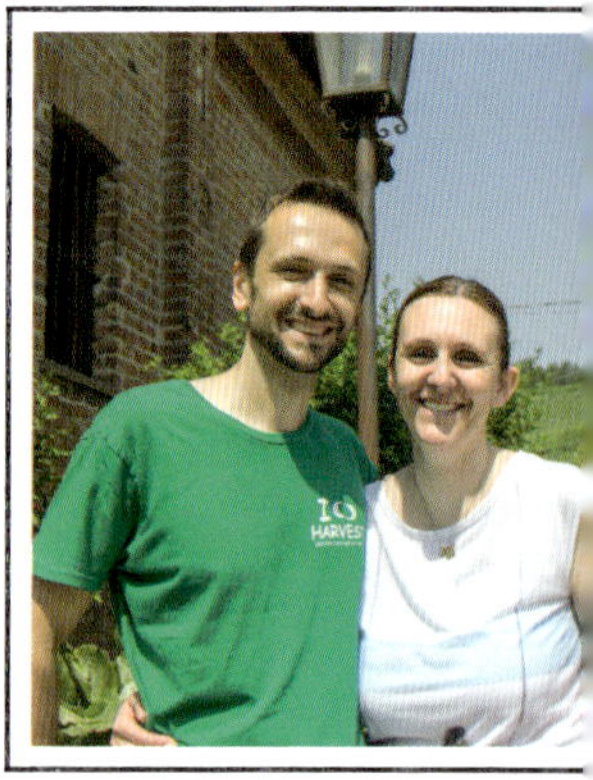

急斜面に茂る豊かなぶどう畑。名門ワイナリーで体感するオーガニックな暮らし

清々しい草の香りに深呼吸。様々な生物が息づくぶどう畑

ぶどうが葉を伸ばす6月。朝の清々しい光を浴びる畑の前でロヴェロ家当主の息子エンリコが、笑顔で私たちを迎えてくれました。

ロヴェロ家は北イタリア、ピエモンテ州の銘醸地アスティで、17世紀から続く家族経営のワイナリーです。イタリア語で「Rovero Fratelli＝ロヴェロ兄弟社」という会社名は、1985年にAIAB（イタリアの認証機関）の認証を取得してオーガニックワインに転換した後、長男ミケリーノ、次男クラウディオ、三男フランコのロヴェロ三兄弟が引き継いだことから付いた名。今では、長男ミケリーノの息子であるエンリコがワイナリーの中心人物です。

ロヴェロ家のぶどう畑は、30度の急傾斜の丘にあります。水はけの良い石灰粘土質の土壌で、糖分とポリフェノールに富んだ甘味の強いぶどうが育ちます。

雑草が生い茂る畑の中に入っていくと、思わず深呼吸したくなるほど清々しい草の香り！ 畑ではぶどうの木の根元の雑草は抜きますが、間の畝には様々な植物の種をまいています。こうすることによって植物の根が土を耕し、また畑に生息する生物のバランスがとれて、ぶどうが健康に育つのです。

収穫は9月からスタート。4〜5週間ほどかけて、ワイナリーのスタッフを総動員し、ぶどうの状態をよく観察しながら行います。

爽やかな白から奥深い赤まで築300年の貯蔵庫で心がはやる

畑を見学した後は、醸造所へ。こちらの電気は、屋根に貼ったソーラーパネルで全てまかなっているそうです。中には、多種多様なタンクや樽が整然と並べられています。バルベーラからグリニョリーノ、カベルネ ソーヴィニョンまで、様々な

様々な雑草が豊かに茂るぶどう畑。品種はバルベーラが最も多く、一番日当たりの良い畑に植えられている。

石灰粘土質の畑を見渡す。なだらかに見えるが、実際はまっすぐ立つのも難しい30度の急斜面！

ぶどう品種を育てているロヴェロ家では、造られるワインも色々なタイプがあります。

　ステンレスタンクは、爽やかな味わいの白ワイン用。小樽には搾ったぶどうの果汁を直接入れ、そのまま最低1年間発酵させています。最初から樽に入れることで、ボリュームのある味わいと複雑な香りが楽しめる白ワインができるのです。

　大樽は発酵させた赤ワインを入れて熟成させるためのもの。木でできた樽にワインを入れることで、木の表面のごく小さな隙間から取り入れられる空気とワインが触れ合い、複雑な風味を生み出します。特に大きい樽より小さい樽の方が、木がワインに触れる部分の割合が大きくなり、風味も強くなります。

　焼きが強くて小さい樽で熟成させるとワインに樽の香りがつきやすくなりますが、このときあまり樽の香りが強すぎるとワインの香りを消してしまうため、バランスが重要なの

磨き上げられたステンレスタンク。オーガニックワイン造りにおいて「清潔」は何よりも重要。

です。ロヴェロさんの熱心で丁寧な説明を聞いていると、一刻も早く味わいの違いを確かめたくなります。

　ロヴェロ家のワイン貯蔵庫は、なんと築300年。30度を超えるほどの夏場でさえも温度調整は必要なく、一年を通して16度の適温が保たれています。鼻腔をくすぐるワインの香りに、さらに心がはやります。

　ロヴェロ家ではワインの他に、ワインのぶどうの搾りかすを使った蒸留酒「グラッパ」も造っています。一般的なブランデーの2倍以上もの香り成分が含まれるといわれる、グラッパ。イタリアでは蒸留酒を造るための免許制度が厳しく、蒸留所はイタリア中で120軒、ピエモンテ州ではわずか20軒しかないそうですが、そのうちの1軒が、ここロヴェロ家なのです。しかも使うぶどうはロヴェロ家のものなので、もちろんオーガニック！　まろやかで、ワインと同じく素晴らしい味わいです。

　ワイン造りで目指すものを問うと、「何よりもまずはその年にどんなぶどうができたか、そこから始まるつながりが大切」と語るロヴェロさん。年ごとに自然と真摯に向き合う姿勢から、こうした魅力的な味わいが生み出されるのです。

スローフードとおいしいワイン！ 体に染み入る贅沢な時間

　ロヴェロ家のワイナリーで堪能できるのは、お酒だけではありません。

オークの大樽に眠る赤ワイン。この後ステンレスタンクで約1年寝かせ、澱を沈めてから瓶詰め。

ワインと並ぶ人気のグラッパの醸造所。こちらの部屋も清潔そのもの。

上質なワインとお手製ディナーに舌鼓。マリアージュの素晴らしさは言うまでもない。

1975年にドメーヌ内にレストランを併設。地元の食材を使った郷土料理を味わうことができる。

20haある畑では、ぶどう以外にもヘーゼルナッツや杏の木があり、野菜や果物も栽培。養蜂箱を置いて、自家製の蜂蜜まで作っています。

ロヴェロ家ではそれ以外にも、アグリツーリズモのための宿泊施設や、地元の食材を使ったスローフードをふるまうレストランも経営しています。畑で栽培している野菜や果物は、そこで出される料理や家族の食卓用なのです。

訪問する際にこのレストランでロヴェロさんお手製ディナーをいただいたのですが、シンプルながら素材の良さを生かした料理をたっぷり楽しむことができました。

採れたての地元の食材を使った食事と、体にすうっと入ってくる上質なロヴェロ家のワインを楽しめる、本当に贅沢なひととき！ オーガニックなライフスタイルの心地よさを体全体で感じられる場所として、たくさんの人に訪れていただきたいワイナリーです。

ワインに合わせて地元の食や自然を存分に楽しめるアグリツーリズモ体験も人気だ。

Data

ロヴェロ フラテッリ

Rovero Fratelli

■住所：Fratelli Rovero snc Apertura 9-12; 15-18
■オーガニック歴：1985年から
■主要品種：バルベーラ、グリニョリーノ、ピノ ノワール、ネッビオーロ、カベルネ ソーヴィニヨン、メルロー、ブラケット、ソーヴィニヨン ブラン、リースリング イタリコ、コルテーゼ、モスカート

アグリツーリズモ：アグリカルチャー（農業）とツーリズモ（旅行）を組み合わせた言葉。本来は旅行者に宿泊先を提供する代わりに農作業を手伝ってもらうのが目的だったが、最近では自家製農作物を使った食事などの"田舎の暮らし"を体験できる旅行スタイルを指す。

Chapter

1

風土とぶどうの魅力がたっぷり

伝統に回帰した“本来のワイン”

化学物質やハイテク技術を駆使する「工業的なワイン」の対極にあるのが「オーガニックワイン」。ぶどう栽培から醸造の決まりごとまで、その特徴と魅力に迫ります。

オーガニックワインを知るために

1

そもそもオーガニックとは？ 未来を守るための選択

オーガニックワインを知るために、「オーガニック」の定義を理解しておきましょう。

“オーガニック”が選択され始めた背景

戦後に人口増加&経済拡大

第二次世界大戦後、食糧供給が安定して人口が増え、経済が拡大。ものが増え、人々の暮らしはより豊かで便利になったように見えた。

- 化学肥料の登場によって、食糧の供給が安定
- 人口が爆発的に増加
- 経済が大きく成長し、工場が増加
- ものを多く売るため「マスマーケティング」が発達

その結果…

環境破壊

安く大量生産される工業製品が増えた

労働力として安く使われる人々

自分で“良いもの”を選択できない

高度経済成長で安い大量生産品が増加

第二次世界大戦後、「化学肥料」の誕生で食糧が安定して手に入るようになると、世界中で人口が爆発的に増加し、経済も大成長を遂げました。しかし、その背景では様々な問題が起こります。工場が増えたことで環境が破壊され、安く大量生産される工業製品が増えました。また、ものをより多く売るための〝マスマーケティング〟が発達し、「自分で考えて良いものを選べない人」が増えてしまったのです。

“オーガニックなライフスタイル”が注目される
住み続けられる環境を守る
健康な生活を守る
伝統やゆとりを大切にする
足るを知る

オーガニックワインを選択する人々

造り手（ぶどう農家や醸造家）

- 汚染されていない畑を次世代に残したい（環境を守りたい）
- 環境と体にやさしいワインを造りたい
- 人の手を加えすぎないことで、ぶどうや土地の個性が生きたワインを造りたい

飲み手

- 体にいいものを自分で判断して選びたい
- 環境にやさしい方法で造られたワインを飲みたい

次世代の幸せのために良いものを選択する生き方

この状況に危機感を持ち、「このままでは次世代の人が幸せに生きられない」と考える人々が注目したのが、オーガニックなライフスタイルでした。すなわち、

◎住み続けられる環境を守る
◎健康な生活を守る
◎伝統やゆとりを大切にする
◎足るを知る

などを掲げる生き方。マスマーケティングに踊らされずに自分の考えを持ち、「今日より明日の世界が少しだけ良くなるような選択」をする生き方です。

ワインの世界でも同じことが起きています。大量生産される工業製品としてのワインではなく、環境や体にやさしく自然な農法や醸造法によるワインを求める造り手や飲み手が増えています。

オーガニックワインを知るために

2

そもそもワイン造りとは？原料は〝洗わないぶどう〟のみ

意外に知らないワインの造り方。ぶどうからワインになる道のりを理解しておきましょう。

ワインができる過程はとても単純

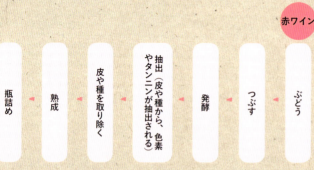

赤ワイン

ぶどう → つぶす → 発酵 → 抽出（皮や種から、色素やタンニンが抽出される） → 皮や種を取り除く → 熟成 → 瓶詰め

ぶどうをつぶして丸ごと使う。皮や種も一緒に発酵させるため色や渋味が抽出される。長く熟成させることで渋味が丸くなる。

白ワイン

ぶどう → 搾り果汁とする → 発酵 → 熟成 → 瓶詰め

ぶどうを搾って果汁だけを発酵させるため、色や渋味がつかない。タンニンがないため、短い熟成期間で飲むことができる。

ぶどうは洗わずにそのまま使われる

ワイン造りはまず、ぶどうの収穫から始まります。このとき大切なのが、実の選定。傷んだ実が混じっていると、発酵中に雑菌が入るため、きれいで完熟した実を厳選して収穫します。

収穫したぶどうは、洗わずに使われます。ぶどうの実が水で濡れると糖分が溶け出したり、皮に棲みついた発酵に欠かせない「ワイン酵母」が洗い流されたりして、ワインにならないのです。収穫時に雨が降っても同

地元ならではの味を楽しむ土着の飲み物

皮に住む天然の酵母で発酵

場所によって微妙に異なる天然酵母の働きで、独自の個性を持った味が生まれる。

ぶどうは洗わずそのまま使う

畑の環境を丸ごと瓶詰め。地域や品種、年ごとの違いがダイレクトに感じられる。

ぶどうだけを使って造られる

余計な添加物などを使用しないため体にやさしく、安心して楽しむことができる。

ぶどうは腐りやすいため保存できない。本来は年に一度、土地のぶどうを収穫したときだけ醸造するものだが、保存技術の発達などで、遠方のぶどうや果汁を取り寄せて1年中ワインを造るメーカーもある。

様なので、収穫は晴れた日を選んで行われます。まさに、畑の環境そのものが、丸ごとボトルに詰められる飲み物なのです。

自然発生的にできあがる単純で素朴な醸造酒

ぶどうの実をつぶしたり搾ったりした後は、発酵と熟成を経てワインになります。発酵は、糖分たっぷりの果汁と、皮に付着した天然酵母が出会い、酸素が少ない状態に置かれることで起こります。

つまり、難しい技術や添加物がなくても、環境さえ整えば、ぶどうを搾って置いておくだけで自然にできあがるということ。地中海地域では、どこの農家でも当たり前にワインを造っています。土質やぶどうの特徴、畑ごとに異なる天然酵母の働きによって、独自の個性が現れるのがワインの魅力なのです。

ぶどう作りの特徴

1

化学的な物質を使わず 自然の力を生かす

化学物質を使わず、自然のサイクルのなかで行うぶどう作りがオーガニックワインの基本です。

危険な化学物質を使わない農法

OK

・堆肥
・緑肥
・石灰硫黄合剤
・ボルドー液
（硫酸銅と石灰の混合溶液）

植物ではなく土そのものに働きかけることはOK。昔ながらの原始的な農薬も、限定的に使用が認められる。

NG

・化学合成農薬（殺虫剤、殺菌剤）
・除草剤
・化学肥料
・成長ホルモン
・抗生物質
・遺伝子操作種子

ぶどうに直接栄養を与えるようなものや、危険な化学物質を使用した農薬、除草剤は認められていない。

昔ながらの農薬が限定的に使用される

オーガニック栽培では、落ち葉などを発酵させた「堆肥」、生えている草を鋤き込む「緑肥」のほか、昔ながらの弱い農薬が限定的に使用されている。

オーガニック農業で守られる3つのルール

オーガニックワイン造りの大前提が、オーガニック農業によるぶどう栽培です。オーガニック農業の特徴は3つあります。

1植物に直接栄養を与えない

化学肥料を使わず、土本来の栄養で育てます。わらや落ち葉を発酵させた「堆肥」や、生えている草を鋤《す》き込む「緑肥《りょくひ》」、動物の糞などを使って、土に手をかけることは認められています。

2危険な化学物質を使わない

環境や体に害のある物質は使用

雑草が生えない。微生物が死に絶え、土は硬くひび割れている。

化学農業のぶどう畑

オーガニック農業のぶどう畑
土が軟らかく根を張りやすい
昆虫や小動物が害虫を防ぐ
雑草が生態系を支える

上の写真と同日に撮影したオーガニックの畑。雑草が生い茂り、花も咲いている。生態系が成り立っているため土の中にたくさんの微生物が存在し、畑の表面もふかふかと軟らかい。

しません。ただし、大昔から使用されてきた原始的で効果の弱い農薬（ボルドー液など）は、量や時期を定めて限定的に使用を許されています。

3遺伝子操作を行わない

自然環境や生態系に影響を及ぼす可能性のある遺伝子操作は禁止されています。

化学肥料や農薬がなくてもぶどうは育つ

本来、化学肥料や農薬は、ぶどうを「効率よく」作るために必要なだけです。オーガニック栽培のぶどう畑には、ハーブをはじめとする多様な植物や生物が存在しています。ハーブは虫除けになりますし、害虫は他の虫が食べてくれます。

EUの規定（p36参照）では、こうした農法に転換してから3年以上経過した畑が、オーガニック農業の畑と認められます。

ぶどう作りの特徴

2

畑の風土がぎゅっと溶け込み個性豊かな味わいのワインに

オーガニック農業では、環境と人にやさしく、土地の個性を反映したワインができあがります。

化学農業で 土壌が汚染されて弱った畑

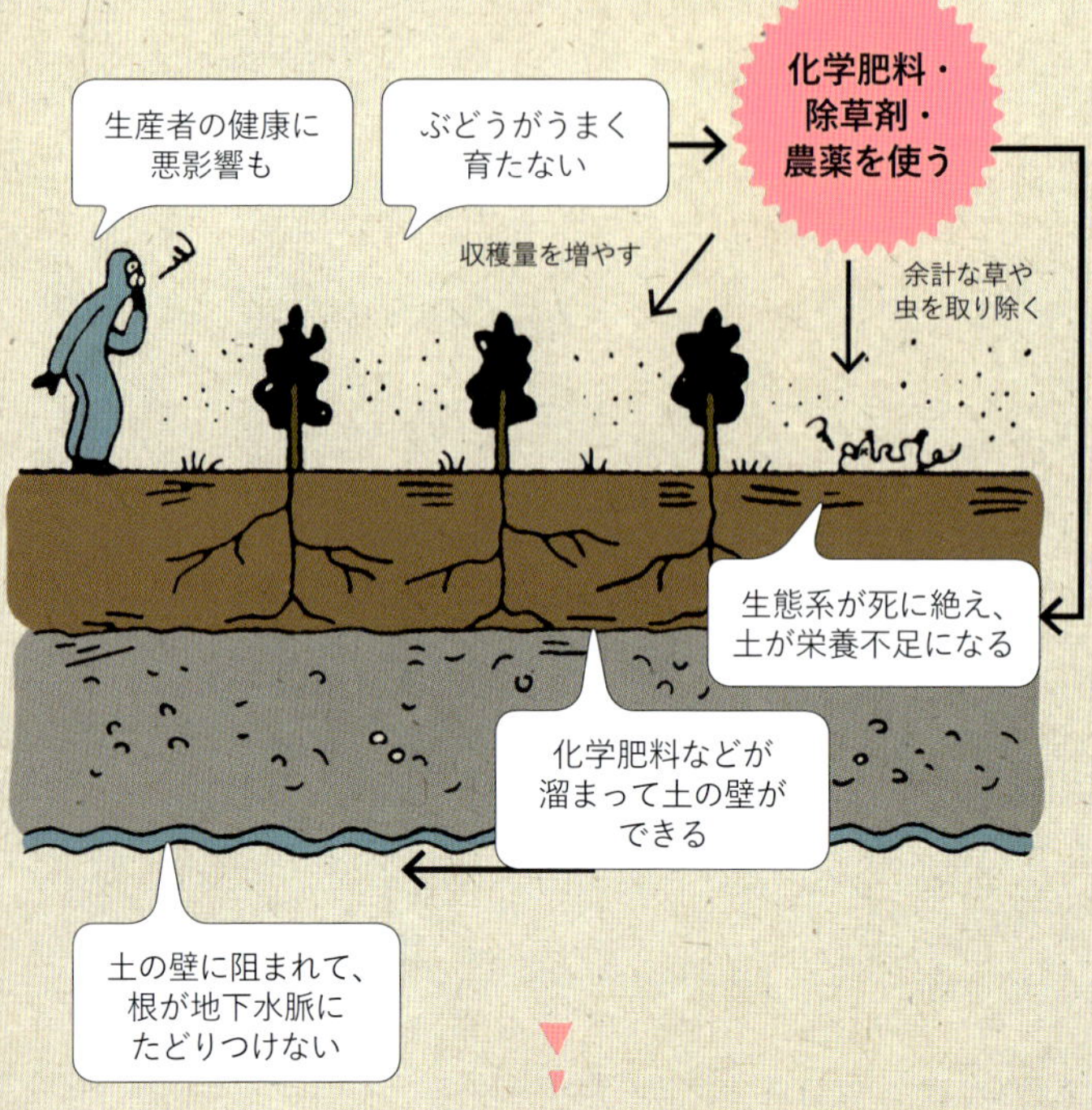

生産者の健康に悪影響も
ぶどうがうまく育たない
化学肥料・除草剤・農薬を使う
収穫量を増やす
余計な草や虫を取り除く
生態系が死に絶え、土が栄養不足になる
化学肥料などが溜まって土の壁ができる
土の壁に阻まれて、根が地下水脈にたどりつけない

こうしてできた一般的なワインは…

- 化学肥料や除草剤、農薬が残っている
- ぶどうの弱さを補うために添加物を使うので、味が無個性

化学農業によってできる個性を欠いたワイン

本来ワインは、「ぶどうを洗わずに使って皮についた酵母で発酵させるだけ」という単純で素朴なお酒です（p26参照）。しかし近代以降、化学肥料や農薬の登場で、ぶどう栽培やワイン造りは大きく変化しました。

まず、化学物質が土壌を汚染し、土地本来の成分（ミネラルなど）が失われてしまいました。また、農薬の影響で微生物環境が失われ、ぶどうの風味も変わるため、人工酵母や香料が添加

オーガニック農業で 風土の特徴が表れている畑

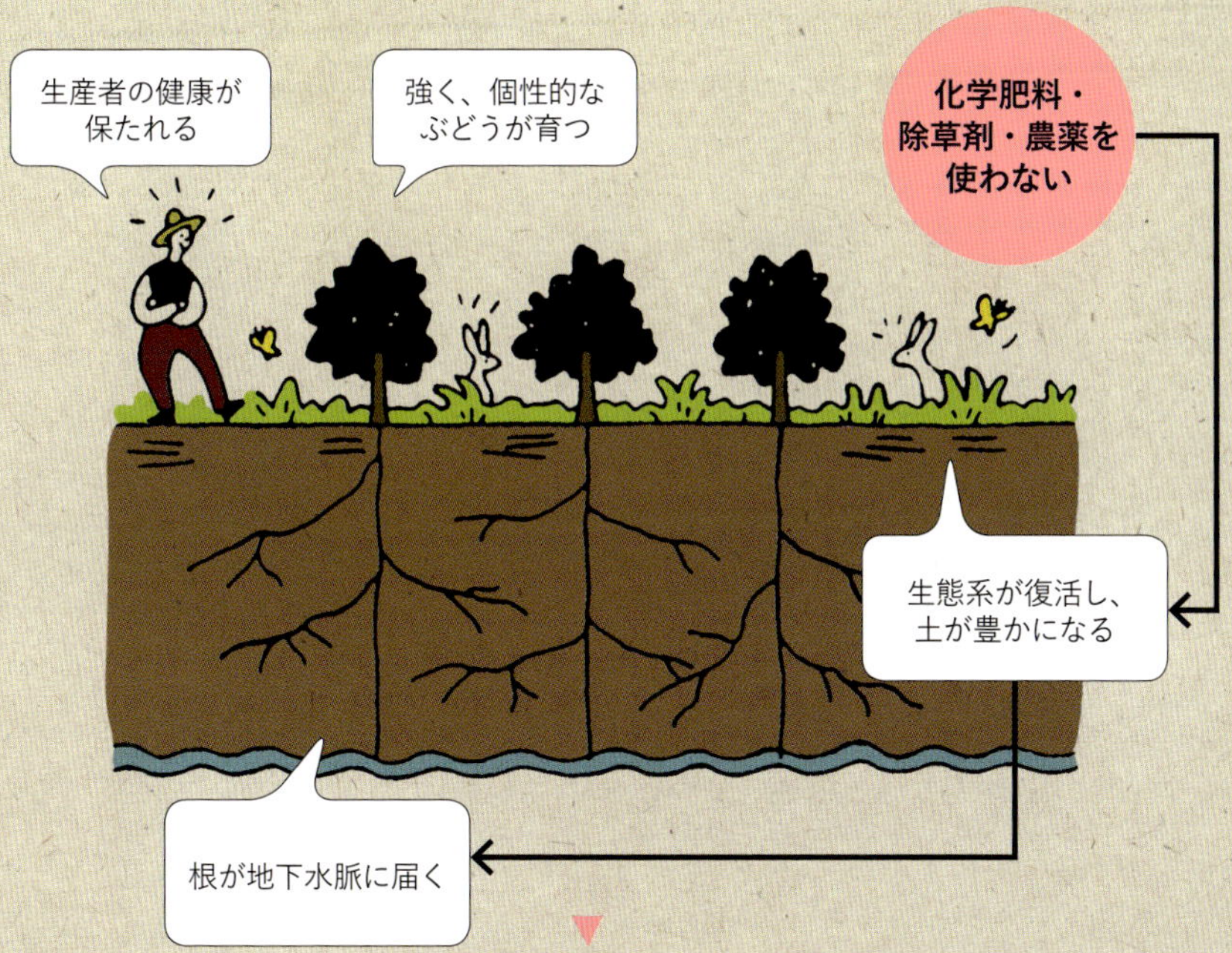
生産者の健康が保たれる
強く、個性的なぶどうが育つ
化学肥料・除草剤・農薬を使わない
生態系が復活し、土が豊かになる
根が地下水脈に届く

こうしてできたオーガニックワインは…

- 余計な物質が入っていない
- その土地独特のぶどうの味が楽しめる

されるようになりました。

こうしてできるワインは、味や生産量は安定しているものの、似通っていて、個性を楽しむ本来のワインとはかけ離れたもの。生産者の健康を脅かす（農薬をまくときは防護服が必要）という大きな問題もあります。

オーガニックぶどうで造る大地と人にやさしいワイン

一方、オーガニック栽培では効率的なぶどうの生産ができないため、天候に左右されたり手作業が多かったりして生産コストが高くつきますが、土地の性質や土着の天然酵母が失われることはありません。地域の特徴を反映した、複雑で個性的な味わい。土地だけでなく、天候や造り手による違いも楽しめます。何より、環境を汚さず、生態系と生産者の健康も守る、大地と人にやさしいワインといえます。

醸造の
特徴

ぶどうについた天然酵母が自然なペースで発酵を進める

味や香りの補正や添加物を一切排除し、自然で伝統的な醸造方法を守って造られます。

工業的なワインでは化学技術を使用

合成タンニンや香料で調味

土地やぶどう品種ならではの味わいが薄いので、添加物によって風味や香りを足していく。

酵母を足して発酵を助ける

ぶどうに熱処理を施すことで、天然酵母が死滅するため、人工的に酵母を足して発酵を助ける。

量産するため保存料を添加

温度管理なしで流通させるために（定温コンテナでの輸送は高額）、強い保存料を大量に添加。

大量生産や流通のために添加物や保存料を使用することも

工業的なワインでは、安くたくさん造って流通させるために、醸造過程で様々な処理が行われることがある。できあがったワインは、味が安定して流通させやすいが、個性が薄く、添加物による頭痛なども起こりがち。

失われた個性を補うために添加物が使用されてきた

工業的なワイン造りでは、醸造過程において、様々な添加物や化学技術が用いられます。農薬の使用により土地が弱ってぶどうの個性が薄くなったり、熱処理を施すことで土着の酵母が死滅してしまい、品種や土地ごとの特徴が出なくなります。そのため、添加物によって風味や香り、色などを補うこともあるのです。より安く簡単に流通させるために合成保存料が大量に添加され、それが頭痛や悪酔い

より自然に近い醸造プロセス

不作の年には天然酵母の添加も

悪天候などでぶどうの酵母が不足したときは天然酵母の添加が認められる。しかし添加せず、他の方法をとる生産者も（p117参照）。

発酵温度をコントロールする技術

収穫期も気温が高い地中海地方などでは、温度調節できるタンクを使用することで、発酵に適した状態を保つ技術が用いられる。

目の粗いフィルターでゴミなどを濾過

瓶内での熟成に必要な酵母や酒石までをも濾過するマイクロフィルターは不可だが、雑物を取り除く粗いフィルターの使用はOK。

瓶詰め時に最小限の添加物を使用

酸化を防ぐための二酸化硫黄に関しては、最小限の添加が認められ、より強いメタ重亜硫酸カリウムなどの薬品は使用されない。

品質を保つために衛生管理を徹底

ハイテク技術や化学物質を使用しないために、ちょっとした雑菌などの侵入も命取りになる。生産者はみんな醸造所の衛生管理を徹底している。

を招くことも少なくありません。

化学物質やハイテク技術をできるだけ避けて醸造

一方オーガニックワインは、オーガニック栽培のぶどうのみを使い、できる限り化学物質やハイテク技術を避け、伝統的な製法を守って造られます。こうした醸造方法については、EU規定（p36参照）や民間のオーガニック団体が独自の基準を設け、それを満たすものを認証しています。

基本的に香りや味の補正を行わないため、ぶどうや生産者による個性をストレートに楽しめます。保存料も、化学的なものを避けて必要最小限に抑えるため、体調不良が起こりにくいのが特徴です。逆に言えば、よく吟味しなければ、おいしくないものに当たってしまうというデメリットもあります。

輸送と流通の工夫

デリケートな味を守るため温度管理が徹底される

オーガニックワインの品質を保つためには、流通過程での細やかな気遣いが欠かせません。

瓶の中でも発酵は進む

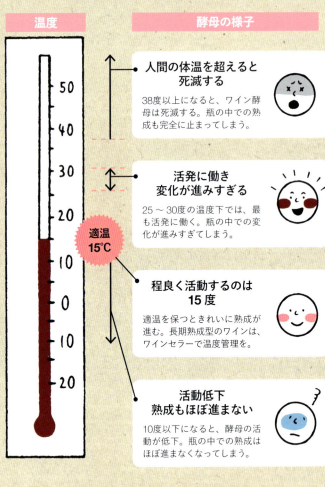

温度	酵母の様子

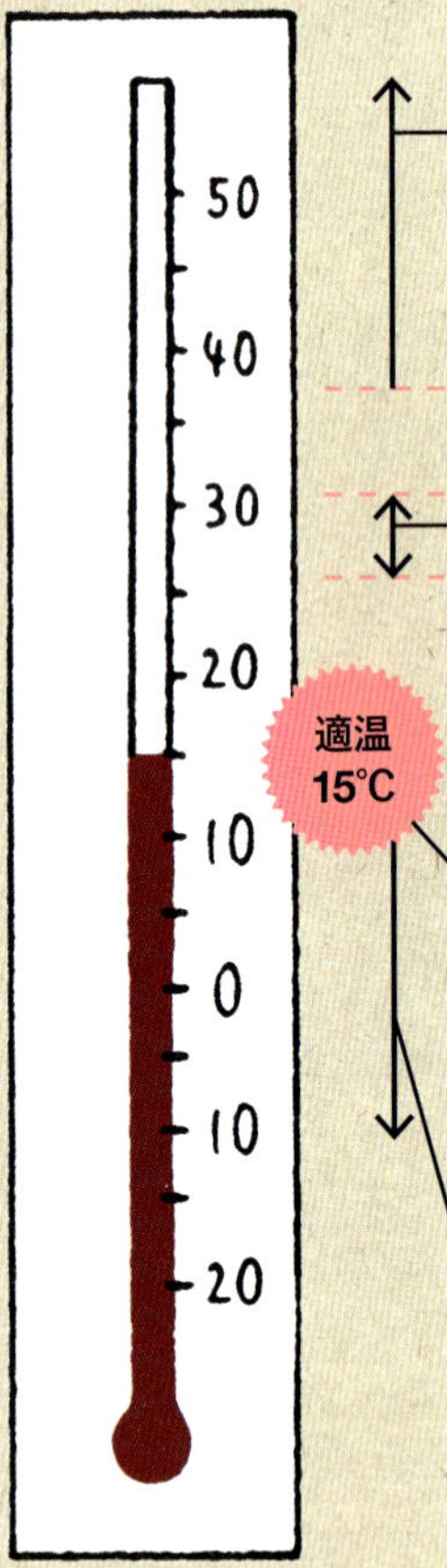

人間の体温を超えると死滅する

38度以上になると、ワイン酵母は死滅する。瓶の中での熟成も完全に止まってしまう。

活発に働き変化が進みすぎる

25～30度の温度下では、最も活発に働く。瓶の中での変化が進みすぎてしまう。

程良く活動するのは15度

適温を保つときれいに熟成が進む。長期熟成型のワインは、ワインセラーで温度管理を。

活動低下熟成もほぼ進まない

10度以下になると、酵母の活動が低下。瓶の中での熟成はほぼ進まなくなってしまう。

化学技術の発展によって高温に耐えるワインも登場

ワインの熟成は、瓶詰め後も進みます。アルコールと有機酸が結合して香りの成分が形成されたり、わずかに残った酵母による発酵がゆっくり進むことで、複雑で奥深い味わいが生まれます。高温になると酵母が活動しすぎて熟成がうまくいかなくなるため、流通過程でも保管でも丁寧な温度管理が必要です。

　この温度管理の手間を省くため、近代のワイン造りでは様々な方法がとられてきました。大

流通過程でも温度管理が徹底される

1

ドメーヌから港までは 15度の冷蔵トラックで

ドメーヌから出荷されたワインは、15度設定の冷蔵トラックで港へ運ばれる。

2

15度の倉庫で保管され 船の到着を待つ

港に着いたら、コンテナ船が到着するまで15度設定の冷蔵倉庫に保管される。

3

12度設定のコンテナで 長い船旅を乗り切る

振動なども加わるため、少し低めの12度設定の定温コンテナで熱帯の海を渡る。

フランスから日本まで約１ヵ月半の船の旅

4

船が到着したら 港の15度の倉庫へ

日本に到着したら、いったん港の倉庫で保管。ここでも15度に保たれている。

配送

5

店に着いたら ワインセラーで温度管理

配送されたらすぐワインセラーに入れ、買い手が決まるまで定温で保管する。店頭での紹介用にはダミーボトルを使う。

量の酸化防止剤で酵母の活動を抑えたり、加熱処理やマイクロフィルターによる濾過で、酵母を取り除いたり。温度変化には強くなりますが、熟成することもありません。

超高級ワインに匹敵する厳しい温度管理が必須

　一方オーガニックワインでは、酵母の活動を抑える二酸化硫黄の添加量が少なく、ハイテク技術も用いられないため、高温下では致命的なダメージを受けます。品質を保つためには、超高級ワインに匹敵するような厳密な温度管理が欠かせません。

　上で紹介しているのは、フランス産のオーガニックワインを日本に輸入するときの例。生産者のもとを出てから日本の店舗に届くまで、熟成に適した15度前後を常に維持した状態で、大切に運ばれています。

オーガニックワインの
認証制度

EU規定の誕生により広がる オーガニックワインの裾野

２０１２年に新たな規定が誕生したことで、種類や本数が増え、多様化しています。

EU規定ができるまで

厳しい認証規定やルールがあった

厳しい憲章に基づき醸造してきた

ヨーロッパの様々なオーガニック団体が、醸造に関する厳しい共通の決まりごと「オーガニック憲章」を作成。オーガニックワインの生産者たちはそれに基づいて醸造を行っていた。

民間の認証団体が独自の規定で認証

「デメター」や「ナチュールエプログレ」に代表されるような民間のオーガニック団体（p38参照）が、それぞれ独自の厳しい規定を設けて、条件を満たしたワインを認証していた。

◎一部の小規模生産者によって造られるものだった
◎本数が少なく、認知度も低かった
◎基準が厳しく、より本来のワインに近かった

オーガニックワインに関する認証規定が昔から存在した

近年人気が高まって目にする機会が増えたオーガニックワインですが、その存在は昔からありました。ワイン本来の姿を求める一部の生産者たちが、より自然なぶどう栽培や伝統的な醸造方法によるワイン造りに取り組み、民間のオーガニック団体による認証規定や、厳しい憲章も存在していました。

　オーガニックワインを取り巻くこうした環境は、２０１２年にＥＵ諸国で共通のオーガニッ

EU規定ができたことで

オーガニックワインが多様化した

新しく認められたこと

- 香料、調整剤の添加
- 加熱処理
- 目の粗いフィルターの使用
- 酵素の使用

添加物や醸造法についての規制が緩くなったことで、工場で大量生産することができるようになった。

ポジティブな面

より多くの畑とワインがオーガニックなものになった

大量生産が可能になったことでオーガニックワインの種類や本数が増え、手に入りやすくなった。また、オーガニック栽培のぶどうの需要も高まり、オーガニック農業に転換する畑が増えた。

ネガティブな面

玉石混淆となり、選ぶ基準がわかりづらくなった

大手ワインメーカーも、オーガニックワイン造りに参入。なかには工業的な手法で造られるものも登場し、"質の良い本当の意味でのオーガニックワイン"を選ぶことが難しくなった。

クワイン規定が誕生したことで、大きく変わりました。

規定が緩くなったことで様々な品質のワインが登場

新しい規定は、それまで存在したぶどう栽培に加え、醸造過程にも及ぶものです。しかし、認められる添加物の量やハイテク技術などの基準が、これまで存在した民間団体の規定や憲章に比べて緩く、大量生産が可能になったことで、大手ワインメーカーもオーガニックワイン造りに参入。結果として、オーガニックな畑やオーガニックワイン全体の本数は増えましたが、工業的な手法で造られるワインも増え、玉石混淆となっているのが現状です。

買い手が積極的に情報収集し、本当の意味でのオーガニックワインを自ら選んでいくことがこれからの課題となっています。

国や民間団体が食品を保証。認証制度と認証機関

各国にある第三者機関が消費者のために品質を保証

　都市の消費者が、ずっと生産者の近くでワインが造られる過程を見守ることはできません。そこで「本当にオーガニックである」ことを保証する認証機関や認証制度があります。

　EUのオーガニック認証制度は、1991年にできたEU規定に基づく制度ですが、アメリカや日本にも認証制度があります。また、EU認証ができる以前から、独自の規定を定めて検査に合格したものに認証を与えてきた民間の認証機関もあります。下記はその一例です。

　生産者のなかには、EU基準を満たしていながら基準のレベルに共感できず、より厳しい民間認証を併せて取る人もいます。

有機JAS

日本の有機食品の検査認証制度。規格に適合していると認定されたらマークを貼ることができる。

USDA認証

アメリカではUSDA（農務省）の全米オーガニックプログラムという制度により認証が行われる。

EU認証

EUではEU規定（2012年に新規定誕生）に従って生産されていることを第三者の認証機関が証明。

ECOCERT

エコサート

1991年に設立された国際有機認定機関。オーガニック化粧品の認証も行っている。

NATURE&PROGRES

ナチュールエプログレ

フランスのオーガニック組織。細かい審査項目や抜き打ち検査など厳格な基準を持つ。

DEMETER

デメター

2001年にドイツで発足した認証機関。ビオディナミ農法（p96参照）を推奨。厳しい基準を持つ。

Chapter

2

世界のおすすめワイン

はじめに飲むならこの一本

ヨーロッパからカリフォルニア、日本まで。おいしさも品質も折り紙付き。オーガニックワインの真髄に触れることができる一本を、生産者のこだわりとともに紹介します。

世界各地で増加中！
生産国別オーガニックワイン

France
フランス

言わずと知れたワイン大国
造り手も飲み手も健康志向に

歴史、風土、生産量、消費量。全てにおいてのワイン大国。当然オーガニックワインにおいても先進国。国内でNo.1のオーガニックワインの産地は、ラングドックルーション地方。

フランスのオーガニックワイン ▶▸ p44〜67

主な生産地

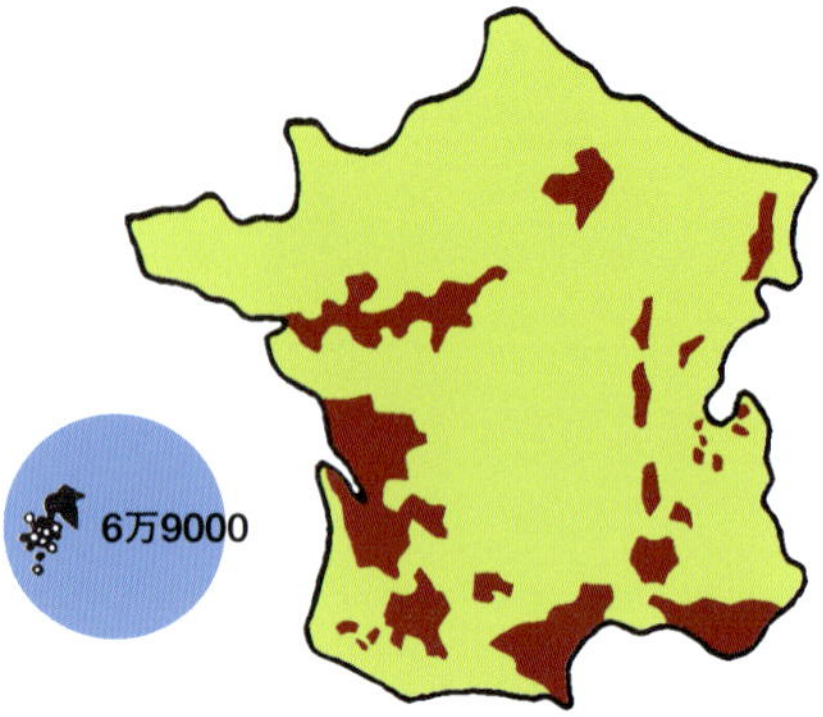

主な生産地

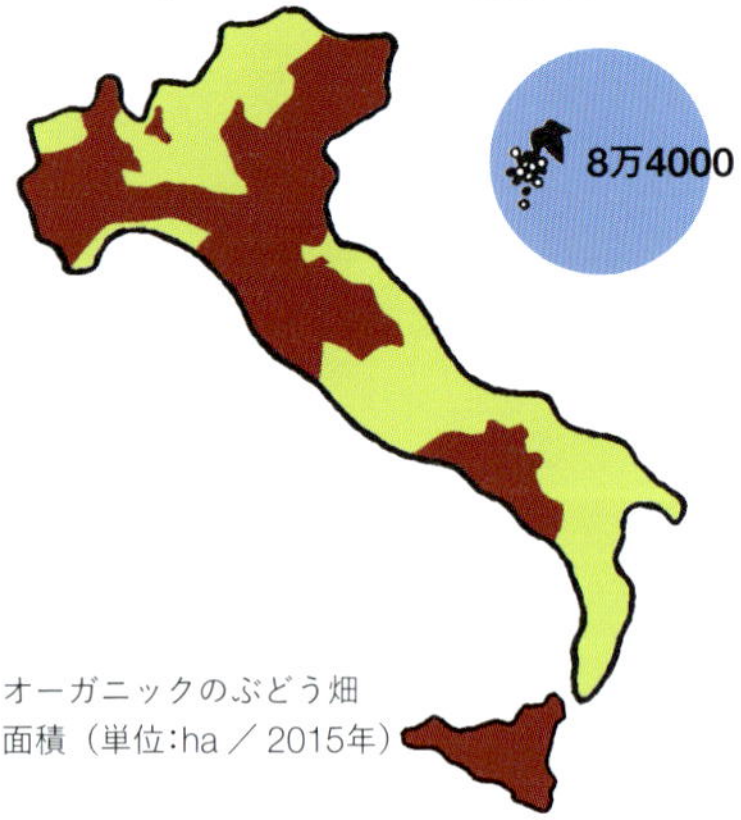

オーガニックのぶどう畑
面積（単位:ha／2015年）

Italy
イタリア

スローフード運動をワイン界に
山国で進むオーガニック転換

フランスと1位を争う大生産国。伝統の食文化を守る「スローフード運動」の発生国でもある。山国で、自国の農業を守るために政府が助成に力を入れ、オーガニック農業を推進してきた。

イタリアのオーガニックワイン ▶▸ p68〜74

知りたい！ 世界のオーガニックワイン事情

環境保護に先進的な欧州 50年代からスタート

ヨーロッパにおいてオーガニックが意識され始めたのは、1950年代。第二次大戦後、復興のために化学農業が導入されましたが、復興が一段落すると自然や健康に対する影響が危険視され、農業のあり方が見直され始めたのです。60年代には民間の認証団体が登場し、小さなオーガニック市場が誕生します。

80年代に入ると、フランスを皮切りに各国で政府が認証を行うようになり、1991年にはEUで認証制度が統合されました。流通しやすくなったことで市場が拡大し、生産者も増加。ぶどう栽培も例外ではなく、2

Spain
スペイン

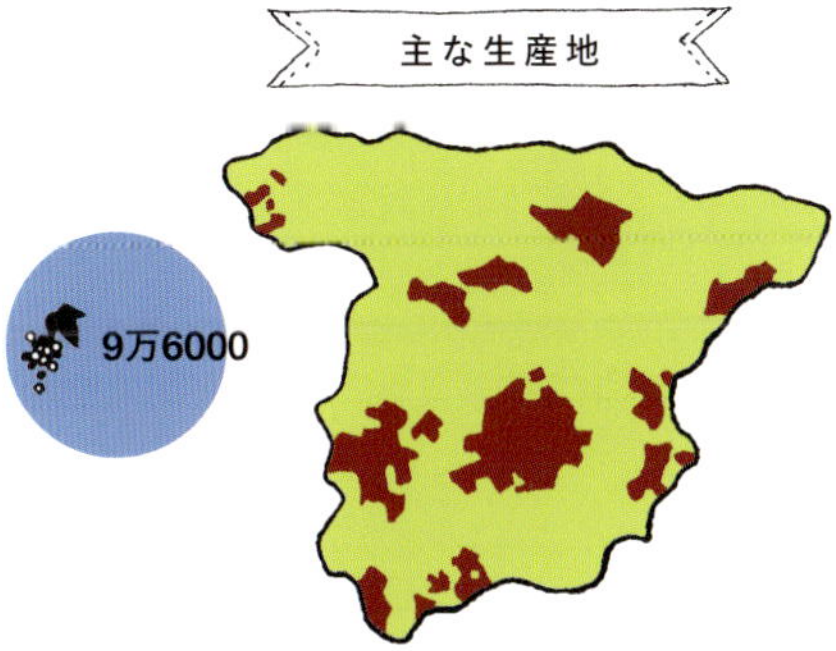

21世紀に入ってから急成長！次々生まれるニュータイプワイン

赤ワインの他、シェリーやスパークリングワインも有名。オーガニックでは出遅れたが、政府が力を入れ、耕地面積も増加中。

スペインのオーガニックワイン ▶▸ p75〜79

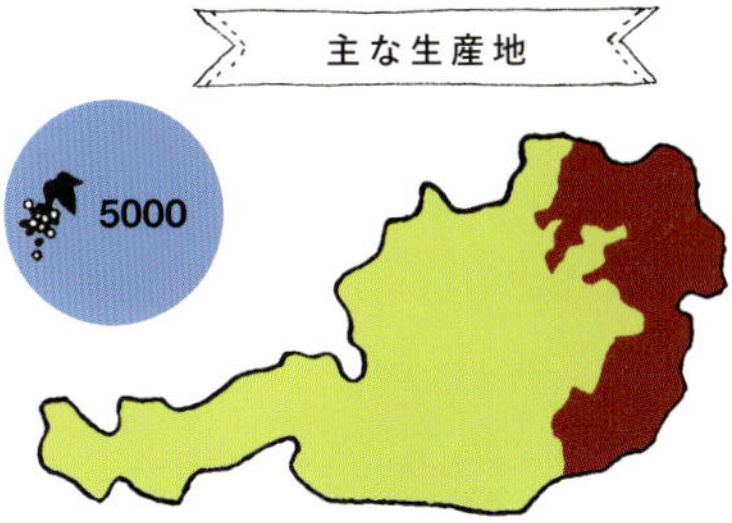

Austria
オーストリア

様々な地場品種を活かしたオリジナリティあふれる味わい

白ワインが人気。EU加盟後、国をあげてオーガニック農業の普及に着手。オーガニックワインも2005年以降急速に発展。

オーストリアのオーガニックワイン ▶▸ p80〜84

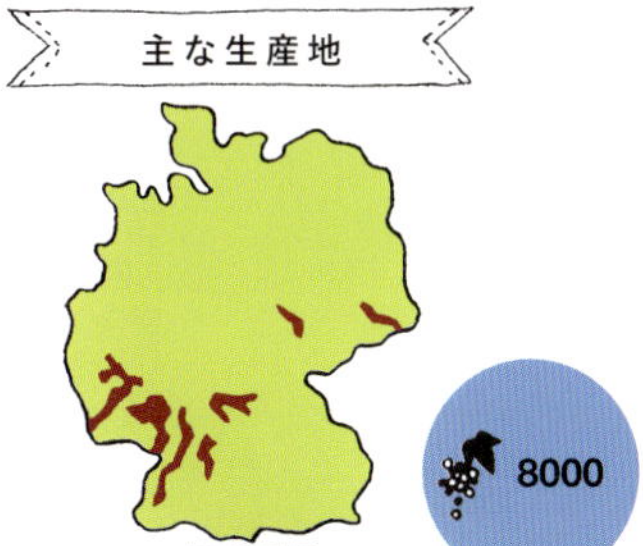

Germany
ドイツ

環境先進国で造られるフレッシュでフルーティな味

ライン川流域が主な産地。環境問題への意識が高く、早くからオーガニック市場が発展。甘口白の他、辛口も人気上昇中。

ドイツのオーガニックワイン ▶▸ p85〜87

０１５年にはＥＵの全ぶどう畑の約８％が、オーガニックになりました。

新規定の誕生によって急速に増えつつある

以前は公的な認証は〝ぶどう栽培〟に関するものしかなく、「オーガニックワイン」という表記は許されていませんでした。しかし、２０１２年に制定された新しいＥＵオーガニック規定では醸造過程の決まりごともでき、基準を満たすことで「オーガニックワイン」を名乗れるようになりました。

しかも、新規定はこれまで民間団体などで定められてきた基準より緩く、工場生産が可能になったため、多くの生産者やメーカーが参入。オーガニック農業の畑やオーガニックワインは急速に増加し、今後もさらに増えることが予想されます。

主な生産地

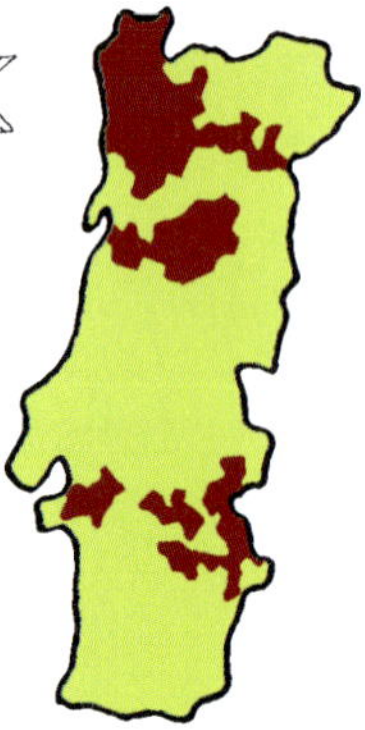

Portugal
ポルトガル

オーガニック農業が難しい山間部で育った濃いぶどうを堪能

ポートワインが人気。主な産地のドウロは急勾配の山間部。オーガニック農業には厳しいが、良質ワインが数多く誕生。

ポルトガルのオーガニックワイン ▶▸ p88～89

主な生産地

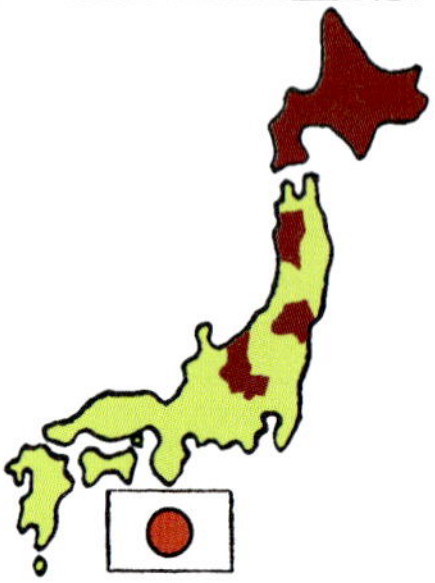

Japan
日本

健康指向で需要も高まる品質向上で将来に期待

気候が向いておらず、ヨーロッパに比べて出遅れたが、最近ではよりナチュラルなワイン造りを実践する生産者も増加中。

日本のオーガニックワイン ▶▸ p94～95

主な生産地

California
カリフォルニア

21世紀以降のロハスブームでオーガニック消費が急増

アメリカ随一のワイン生産地。21世紀になり、ロハスが注目され、オーガニック消費が急増。生産者も増えている。

カリフォルニアのオーガニックワイン ▶▸ p90～93

市場が育っているアメリカと模索段階の日本

アメリカはヨーロッパに遅れをとりましたが、「LOHAS（健康で持続可能な生き方を願うライフスタイル）」な考え方を尊重する富裕層に受け入れられ、21世紀に入ってから大きなオーガニック市場が育ちました。ぶどう作りに適したカリフォルニア州を中心に、オーガニックワインの生産が広まっています。

日本は残念ながら欧米に比べると出遅れています。オーガニック農業が浸透していないうえ、ワインのためのぶどう栽培が難しい風土で、オーガニックワイン造りもなかなか進まないのが現状です。ナチュラルで質の良いワインを追求する生産者が、農法や醸造法を手探りで模索している段階。これからの発展に期待したいところです。

ワインの飲み心地について

ワインの味わいは、ぶどう品種はもちろん、醸造や熟成の方法、熟成にかける時間などによっても異なります。この本で紹介するワインの味わいは、全て以下のタイプに分類しています。

赤ワイン

赤ワインの味わいを決定するものは様々。醸す時間の長さや醸造を行う器具の違い（ステンレス製か樽かなど）、熟成方法、熟成期間が影響します。皮と種が一緒に仕込まれることから、タンニンが抽出され渋味やコクが生まれます。樽を使った熟成によってさらに複雑な趣を与えることもあります。

- **軽口**（ライトボディ）：フレッシュで若々しい香りとフルーティーな味わいを感じるタイプ
- **中口**（ミディアムボディ）：程よい渋味やコクを感じるタイプ
- **重口**（フルボディ）：渋味が強く、濃厚なコクを感じるタイプ

白・ロゼ・泡・その他のワイン

白ワインの味わいは、発酵過程により分かれます。ぶどうの糖分を全てアルコール発酵させると辛口に、途中で発酵を止めると、やや甘口になります。極甘口ワインには、「貴腐菌」がついたぶどうを醸造させた「貴腐ワイン」や、収穫時期を遅らせて糖度を高めたぶどうを使った「遅摘みワイン」や「アイスワイン」などがあります。

- **辛口**：甘味をほとんど感じない、もしくは甘さが控えめのタイプ
- **やや甘口**：やや甘味を感じるタイプ
- **甘口**：十分な甘味を感じるタイプ
- **極甘口**：非常に甘いタイプ（糖度が45g／l以上）

フランス  ボジョレー

馬で耕される畑から届く
滋味深い手作りボジョレー

赤

レニエ
（クリュ ボジョレー）
Régnié

生産者：ドメーヌ アンドレ ランポン
使用品種：ガメイ
内容量：750ml
価　格：3686円

畑を耕すのは、2010年頃から飼い始めた愛馬「カイナ」。レニエのラベルにも写真を載せている。

飲み心地
軽口

Profile

ランポン家

オーガニック歴は1983年から。馬で畑を耕し、手で収穫。昔ながらの道具でほぼ人力で醸造。土地への深い愛着とやさしい人柄が、ワインに表れている。

手造りの温もりあふれる ピュアかつ繊細なワイン

ボジョレーには、ヌーヴォー（新酒）ではなく熟成させた方がおいしいタイプもあります。このレニエは、熟成タイプのなかでもハイクラス。たった3haの畑で採れたぶどうを、昔ながらの道具を使ってほぼ人力で搾って造られます。

いちごや紅茶、オレガノ、土の香り。手造りの温もりのなかに芯のある味わいです。

飲み方アドバイス

やさしい味わいながら芯が強いため、肉やレバーと好相性。スモークレバーのカナッペと一緒に楽しんで。

※p44～95で紹介するワインの問い合わせ先は、p127に掲載しています。
※輸入元、取扱い表記のないものは全てオーガニックワイン専門店マヴィが輸入販売を行っています。

フランス　ローヌ

毎日楽しめる「巨匠の一滴」コスパの高さは情熱の賜物

赤

ラ グート デュ メートル
La Goutte du Maître

生産者：ドメーヌ ド ベレール ラ コート
使用品種：グルナッシュ、カリニャン、サンソー
内容量：750ml
価　格：1528円

飲み心地
軽口

ワイン造りや土地への愛、情熱が一滴一滴に込められていることが伝わるポップなイラスト。

Profile

モアン家

環境にやさしいワイン造りに熱い情熱を注ぐ。大切に広げてきた約30haの畑の半分は、樹齢30年以上。畑では蜜蜂を飼い、蜂蜜も作っている。

艶やかなガーネット色とフレッシュな果実味

ワイン名は訳して「巨匠の一滴」。プラムやチェリーの香りと果実味が心地よい赤ワインです。コストパフォーマンスのよさは、「たくさんの人に毎日おいしいオーガニックワインを飲んでほしい」という生産者の熱い思いゆえに実現したもの。

タンニンも控えめですいすい飲めるので、デイリーワインとして常備しておきたい一本です。

飲み方アドバイス

肉はもちろん、豆や野菜にも。筑前煮や野菜炒めなど、気取らないおかずに合わせて毎日飲みたい。

フランス ボルドー

お城で暮らす当主が造る受賞歴多数の王道ボルドー

赤

ボルドー

Bordeaux (AOC)

生産者：シャトー プショー ラルケ
使用品種：カベルネ ソーヴィニヨン、メルロー、カベルネ フラン
内容量：750ml
価　格：3593円

ラベルには生産者のピヴァ家が最初に住んだ瀟洒《しょうしゃ》なシャトーが描かれている。

飲み心地
重口

Profile

ピヴァ家

歴史的建造物の古城で代々オーガニック農業を実践。発酵や醸造は、祖先から伝わる「月の動きに従ってワインを大切に扱うように」という教えを守る。

複雑な香りと心地よい渋味はずれなしの王道の一本

ダークチェリーやカシスなどの赤い果実のジャム、胡椒、バニラなど、複雑な香りがあり、凝縮感と心地よい渋味が楽しめます。生産者は代々オーガニック農業に携わり、１９８４年に公式な認証を取得。

数々の受賞歴も納得のずっしりとした重厚感は、まさにボルドー。ここぞというときに大切に飲みたい一本です。

飲み方アドバイス

ワインが若いうちは白身の肉と合わせ、熟成が進んだものは赤身の肉（ローストビーフやジビエ）と。

フランス  ロワール

伝統を尊ぶ若き兄弟が造る エスプリの効いた通の味

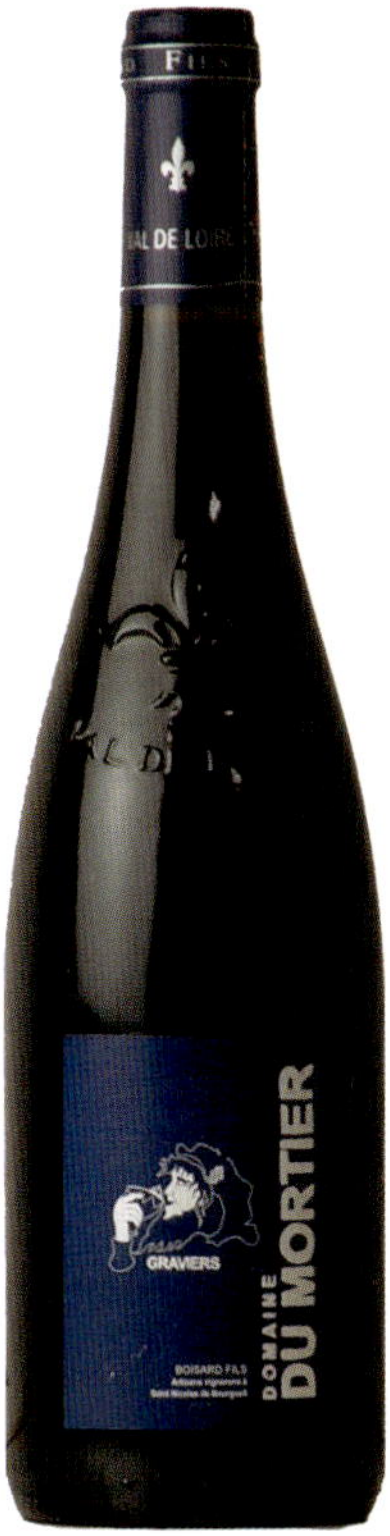

赤

サン ニコラ ド ブルグイユ グラヴィエ

St-Nicolas de Bourgueil “Graviers”(AOC)

生産者：ドメーヌ デュ モルティエ
使用品種：カベルネ フラン
内容量：750ml
価　格：3500円

飲み心地
中口

Profile

ボアザール家

両親から受け継いだ9haの土地でワイン造りをする兄弟。自家発電や無水式トイレなど、住居やドメーヌ全体で環境にやさしい選択を実践している。

酒神バッカスのイラスト。現代的なデザインとエレガントな味わいのギャップがおもしろい。

飲み疲れることなく染みる体にやさしい味わい

ワイン名の「グラヴィエ（砂利）」は、原料のぶどうが育った畑の土質から命名されました。
木いちごやスミレに、カベルネ フランらしいグリーンペッパーのニュアンスが感じられます。凝縮感がありながらもエレガントで、絹のようになめらかな舌触りが特徴。とてもバランスが良く、飲み疲れることなく体に染み渡る一本です。

飲み方アドバイス

同じ生産者が土質の違う畑のぶどうから造った「サーブル（砂）」も。飲み比べると違いがわかって楽しい。

フランス  ブルゴーニュ

複雑でエレガントな香り ほぼ国内消費の稀少ワイン

赤

ニュイ サン ジョルジュ

Nuits Saint Georges

生産者：シャトー ド プレモー
使用品種：ピノ ノワール
内容量：750ml
価　格：8223円

輝く明るいルビー色。ラベルには、古い要塞の石を使って建てられたシャトーの絵が。

飲み心地
重口

Profile

ペルチエ家

赤ワインのオーガニック歴は2004年から。何より土壌を重んじる当主のアルノーさんは、所有者を説得して隣の畑もオーガニックに転換させた情熱家。

華やかさの奥に香る刺激 余韻が楽しい銘醸地の一本

ニュイ サン ジョルジュは、骨太の赤ワインで知られる銘醸地。20世紀初頭から続くペルチエ家から届くのは希少ワイン。95%が個人客。ほとんどが国内で消費されています。

赤い果実やバラの芳香、その奥にカカオやスパイス、ミネラルが感じられます。きれいな酸味と芳醇な果実味、長い余韻が楽しめる一本です。

飲み方アドバイス

複雑でエレガントな香り。ウォッシュタイプの「エポワス」などの味が濃いチーズや肉料理に合わせて。

フランス　ボジョレー

昔ながらの醸造法で造る 収穫を祝うその年の新酒

赤

ボジョレーヌーヴォー

Beaujolais Nouveau

生産者：ドメーヌ デュ クレ ド ビーヌ
使用品種：ガメイ
内容量：750ml
価　格：3500円

手摘みによる収穫から伝統的な醸造法まで、丁寧な「手仕事」を表すようなラベルデザイン。

飲み心地
軽口

Profile

シュブラン家

元農学校教授の当主が、ビオディナミ農法を実践する友人のワインに感動してオーガニックへの転換を決意。土壌の特徴を生かすワイン造りを追求している。

自然な風味と香りは別格 未体験のボジョレー

農法はビオディナミ（p96参照）、醸造はこの地方の伝統的な方法である「マセラシオン・セミカルボニック」。安いボジョレーヌーヴォーで行われる熱を加える醸造法に比べると時間と手間がかかりますが、自然な風味と香りは別格です。

きれいな酸味と個性的なミネラル感を備えた、バランスの良い味わいです。

飲み方アドバイス

かぼちゃやさつまいもなど、ほっくりした食感の野菜が合う。旬の野菜ととり合わせて煮込みやサラダで。

フランス  ルーション

無限に広がる余韻……完璧主義者の渾身の逸品

赤

アンフィニモン「無限」

Infiniment

生産者：シャトー ド ルー
使用品種：シラー
内容量：750ml
価　格：6926円

飲み心地
重口

金色のワイン名と、無限のシンボルのレリーフ。特別なギフトにふさわしい高級感。

Profile

ブーリエ家

ボルドー大学で醸造学と農学を修めた夫婦による家族経営のドメーヌ。テンプル騎士団が開墾した歴史ある地で、1999年よりワイン造りを開始。

奥深い香りと長い余韻 ワイン好きもリピートする味

ぶどうは一房ずつ熟し具合を確認し、手摘みで収穫。ワインに厚みをつけるため、複数の産地の樽を使って樽発酵させます。吸い込まれそうなほど奥深い香りと、名前のもとになっている「無限」に続くかと思われる余韻。圧倒的な格の違いを感じさせます。

重口の赤ワイン好きの方への贈り物として一押しです。

飲み方アドバイス

アンフィニモンには、「永遠」の意味も。アンフィニモンの白と一緒にすれば、結婚祝いにぴったり。

フランス　ボルドー

洗練された新ボルドー
エコバッグでたっぷり堪能

赤

ボルドー（グラーヴ）
レプラント

Graves Cuvée des plantes vins rouge

生産者：シャトー ド モンバザン
使用品種：メルロー、カベルネ ソーヴィニョン、カベルネ フラン
内容量：3000ml
価　格：6926円

飲み心地
中口

アルミコーティングされたプラスチック製のバッグは、栓を閉めれば密封状態。ワインセラーや冷蔵庫で1ヵ月保存できる。

Profile

ラビュゾン家

1963年の認証導入以前よりオーガニックを実践するボルドー地方の草分け的存在。現当主のピエールが造る、現代的で洗練されたボルドーワインが人気。

味わいもエコバッグも毎日楽しむのにぴったり！

長い伝統を持つボルドーワインも、最近は現代の食卓の変化に合わせて親しみやすいものが登場しています。ラビュゾン家のワインもそのひとつ。フレッシュな果実味と程良い酸味が広がる穏やかな口当たりで、軽やかにグラスが進みます。

大容量のエコバッグ入りで、毎日楽しむデイリーワインにぴったりです。

飲み方アドバイス

大勢で楽しむBBQなどで活躍する大容量エコバッグ。水を汲んだバケツに入れておけば適温で楽しめる。

フランス　ラングドック

みんな大好き「あの」味！造り手のセンスを映す一本

白

シャルドネ（樽熟）

Chardonnay finement boise Vin de Pays d'Oc

生産者：シャトー ド ブロー
使用品種：シャルドネ
内容量：750ml
価　格：3102円

飲み心地
辛口

Profile

タリ家

1989年オーガニックに転換。畑を守るため周りの森や川も購入。受賞歴多数ながら、毎年新タイプのワインを造るチャレンジ精神に満ちた造り手。

ラッパを吹く天使がなんともかわいらしいラベルデザイン。食卓がパッと明るく華やぐ一本。

飲み方アドバイス

キューピッドの力を借りて愛の告白を成功させたい。そんなロマンティックなシーンにぜひ！

爽やかな柑橘系の味と深いコクを誇る鉄板ワイン

多くの白ワイン好きが持つ「シャルドネ」のイメージを象徴する一本。発酵から熟成まで約9ヵ月間を樫樽で過ごします。バターやナッツのような深いコク、爽やかな柑橘系の味わい、それを支えるやさしい酸味。造り手のセンスが光ります。

誰もが素直に「おいしい」と感じる味で、大勢が集まるシーンでもはずれなしの一本です。

フランス　ボルドー

歴史的シャトーで造られる白
和洋の魚介料理と好相性

白

ボルドー
（アントル ドゥー メール）
Entre Deux Mers (AOC)

生産者：シャトー デ セニャール ド ポミエ
使用品種：ソーヴィニヨン グリ、セミヨン
内容量：750ml
価　格：2584円

歴史的建造物にも指定されている美しいシャトーの建物を背景に取り入れた上品なラベル。

飲み心地
辛口

Profile

ピヴァ家

畑の特性が異なる2つのシャトーを持つ。このワインが造られるシャトー「セニャール ド ポミエ」の畑は、メルローに向く土壌。柔らかな飲み口が特徴。

「2つの海の間」で生まれたミネラル感たっぷりの白

ワイン名の「アントルドゥーメール」は「2つの海の間」を意味し、ガロンヌ川とドルドーニュ川を指します。洋梨や白桃、グレープフルーツ、ハーブなど、みずみずしい印象。

ミネラル感があり、魚介類と合います。現地では名産地アルカションの牡蠣と一緒に楽しみますが、海鮮料理の多い日本の食卓にもぴったりです。

飲み方アドバイス

海の幸との相性はお墨付き。青海苔やアオサを入れたすまし汁と、意外なマリアージュを楽しんでみて。

フランス　アルザス

17世紀から続く名門の本気
豚肉料理にも合う驚きの白

白

アルザス ピノ グリ

Alsace Pinot Gris (AOC)

生産者：ドメーヌ ユージェーヌ メイエー
使用品種：ピノグリ
内容量：750ml
価　格：3408円

アルザス地方特有の、優雅でほっそりとしたボトル。ラベルにはぶどう品種も記載されている。

飲み心地
やや甘口

Profile

メイエー家

1620年より代々続く名門。農薬中毒という体験を経て、1969年よりビオディナミ農法を実践する。収穫量も極限まで減らし、ぶどうの品質を高めている。

余韻が長く飲みごたえ抜群 白の常識を覆す白

高級白ワインで有名なアルザス地方で、高貴品種の代表とされる「ピノグリ」。トロピカルフルーツの香りにハーブや花、蜂蜜の風味が感じられます。

味わいは、まろやかでフルーティー。それでいてボリュームがあるため、こってりとした豚肉料理とも合います。「白ワインは物足りない」と感じる人にこそ、ぜひ試してほしい白です。

飲み方アドバイス

抜栓後はすぐに飲まず、しばらく空気に触れさせて。より香りが開き、清々しく華やかな余韻を楽しめる。

郵便はがき

料金受取人払郵便

代々木局承認

1536

差出有効期間
平成30年11月
9日まで

1518790

203

東京都渋谷区千駄ヶ谷4-9-7

(株) 幻冬舎

書籍編集部宛

1518790203

ご住所　〒

都・道
府・県

フリガナ
お名前

メール

インターネットでも回答を受け付けております
http://www.gentosha.co.jp/e/

裏面のご感想を広告等、書籍のPRに使わせていただく場合がございます。

幻冬舎より、著者に関する新しいお知らせ・小社および関連会社、広告主からのご案内を送付することがあります。不要の場合は右の欄にレ印をご記入ください。

不要 ☐

本書をお買い上げいただき、誠にありがとうございました。
質問にお答えいただけたら幸いです。

◎ご購入いただいた書名をご記入ください。

『　　　　　　　　　　　　　　　　　　　　　　　　』

★著者へのメッセージ、または本書のご感想をお書きください。

●本書をお求めになった動機は？

①著者が好きだから　②タイトルにひかれて　③テーマにひかれて
④カバーにひかれて　⑤帯のコピーにひかれて　⑥新聞で見て
⑦インターネットで知って　⑧売れてるから／話題だから
⑨役に立ちそうだから

生年月日　西暦　年　月　日（　歳）男・女				
ご職業	①学生	②教員・研究職	③公務員	④農林漁業
	⑤専門・技術職	⑥自由業	⑦自営業	⑧会社役員
	⑨会社員	⑩専業主夫・主婦	⑪パート・アルバイト	
	⑫無職	⑬その他（　　）		

ご記入いただきました個人情報については、許可なく他の目的で使用することはありません。ご協力ありがとうございました。

フランス　ロワール

土着品種シュナンブランの魅力を余すところなく堪能

白

アンジュー フォンテーヌ デ ボワ

Anjou Blanc La Fontaine des Bois

生産者：ドメーヌ ピエール ショヴァン
使用品種：ソシュナン ブラン
内容量：750ml
価　格：4149円

飲み心地
辛口

Profile

ショヴァン家

2005年にオーガニックへ転換。地元アンジューの特徴的な品種「シュナンブラン」の魅力を広めるべく、土壌の特徴を反映したワイン造りを目指す。

ドメーヌとワインの名前だけが記されたシンプルなラベル。味への期待と想像がふくらむ。

「森の泉」から生まれた心地よい香りを運ぶ一本

ワイン名は「森の泉」の意味。土着品種の「シュナンブラン」を植える場所として、昔から呼ばれている畑の名前です。

花梨や杏、アカシアなどの花、スパイスが混ざった香りは、華やかで複雑。同時に、どこか落ち着く心地よさがあります。熟した果実の濃密な味わいと力強い酸味のバランスが良く、この品種の魅力を堪能できます。

飲み方アドバイス

余韻が長く、厚みも飲みごたえもあるため、クリーミーなソースを使った魚料理がよく合う。

フランス　南西

オーガニックに果敢に挑戦 辛口「四銃士」ワイン

白

ガスコーニュ キャトル セパージュ

Vins de gascogne les quatre cepages

生産者：ドメーヌ ド パジョ
使用品種：コロンバール、ユニブラン、グロマンサン、ソーヴィニヨン
内容量：750ml
価　格：1695円

ドメーヌのイラストをあしらったラベル。「4 CÉPAGES」の下には、4つの品種名がずらり。

飲み心地
辛口

Profile

バロー家

高湿なためオーガニック農業が難しい土地柄だが、3代目の現当主が果敢にチャレンジ。2004年に認証を取得した。妥協しない徹底した低温管理が身上。

飲み方アドバイス

軽快で清々しい飲み口を堪能するには、キリッと冷やして。冬なら常夜鍋など熱々の鍋料理と合わせたい。

より良いワインを目指して 4つの代表品種をブレンド

ワイン名の「キャトルセパージュ」は「4つの品種」という意味。それぞれ特徴の異なるガスコーニュの代表的なぶどう4種を絶妙にブレンドしています。

　果物やハーブの香りと、フレッシュな酸味で、清涼感あふれる味わい。各品種の割合は年ごとに調整され、それぞれのアロマがバランスよく口の中に広がるよう仕上げられています。

フランス　ブルゴーニュ

魂の宿るワインを目指して造り手の哲学を映した1本

白

サントネー

SANTENAY Blanc

生産者：ドメーヌ シャペル
使用品種：シャルドネ
内容量：750ml
価　格：4889円

飲み心地
辛口

ラベルに描かれているのは、1923年から醸造や瓶詰めまでを全て行っている歴史ある建物。

Profile

シャペル家

慣行農法でぶどうの力が失われるのを目の当たりにし、2004年オーガニックに転換。土、ぶどう、人、それぞれの営みを尊重した魂の宿るワインを目指す。

香りも味もバランス抜群 調和のとれたワイン

柑橘類や洋梨の果実香と、ハーブや蜂蜜の香り。それらをクリームやバタースコッチを思わせる柔らかな香りがまとめます。口当たりはまろやかで、果実味と酸味のバランスが◎。コクと旨味が長く後を引きます。

生産者のワイン造りの〝哲学〟を映す印象深い一本ですが、生産量が少なく、希少価値にも注目です。

飲み方アドバイス

クリームシチューやバターソースの魚料理など、クリーミーな料理に合う。天ぷらなどの揚げ物にも。

フランス  ローヌ

日本で見た桜に着想を得て春に飲みたい華やかロゼ

ロゼ

桜 オーガニック コスティエール ド ニーム

Sakura Organic Costières de Nîmes

生産者：ドメーヌ カバニス
使用品種：シラー、ムールヴェードル、グルナッシュ
内容量：750ml
価　格：2454円

桜の木を描いた、和モダンなラベル。美しいピンク色と相まってお花見気分を盛り上げる。

飲み心地
辛口

Profile

カバニス家

オーガニック歴は1984年から。不作年は格下げする（p117参照）などこだわりを貫く。畑に見学コースを作るなど、オーガニックワインの普及に努める。

頑固一徹の造り手が届ける目にもおいしい辛口ワイン

銘醸地ローヌで頑固一徹のワイン造りを貫くカバニスさん。来日の際に見た桜にインスパイアされ、「こんなワインを造りたい」と思ったことから誕生した美しいロゼワインです。

いちごやさくらんぼの果実香に、ハーブやピンクペッパーが香ります。フルーティーですっきりと辛い飲み口。アルコールが低めで、すいすい飲めます。

飲み方アドバイス

造りがしっかりしているので少々温かくても美味。和風弁当やサンドイッチと一緒に、桜の下で楽しんで。

フランス  プロヴァンス

史上最高のおいしさ!? 夏の南仏が似合う一本

ロゼ

コート ド プロヴァンス

Côtes de Provence Rosé (AOC)

生産者：ドメーヌ パンシナ
使用品種：グルナッシュ、シラー、ムールヴェードル、サンソー、カベルネ ソーヴィニヨン
内容量：750ml
価　格：3102円

飲み心地
辛口

Profile

ドウェル家

サントヴィクトワール山の麓、紀元前からワインが造られている土地で、ぶどうの他、ひまわり、小麦などを完全オーガニックで栽培。

イラストはローマでワインに使われた器「アンフォラ」。ロゼの美しさが際立つ上品なラベル。

飲み方アドバイス

プロヴァンスのロゼは、現地の夏の海辺の定番ワイン。日本でもキリッと冷やして暑い夏に楽しみたい。

プロヴァンスロゼを代表する完成度の高さ

生産されるワインの約70%がロゼというプロヴァンス地方。消費者連盟のロゼ飲み比べ企画で最高得点を獲得した、折り紙付きのロゼワインです。

芳醇でフレッシュないちごの香りに、雑味のないキリッとした味わい。オリーブオイルでグリルした夏野菜や、ハーブ風味のローストチキンなど、プロヴァンス料理と一緒に楽しんで。

フランス　ルーション

色も香りも味わいも鮮やか！爽やかな色気に酔いしれて

ロゼ

シャトー ド ルー ロゼ

Château de L'Ou Rosé AOP Côtes du Roussillon

生産者：シャトー ド ルー
使用品種：シラー、グルナッシュ、ムールヴェードル
内容量：750ml
価　格：2760円

モダンでスタイリッシュなラベルデザイン。大人の女性への贈り物にぴったり。

飲み心地
辛口

Profile

ブーリエ家

1999年に畑を購入して以来オーガニック農業を続ける。主にワイン造りを担うセヴリーヌは情熱的な完璧主義者。新しいワイン造りへの挑戦も欠かさない。

鮮やかな果実味と酸味 使い勝手の良い一本

さくらんぼや杏に、ハーブなどの爽やかな香り、いきいきとした果実味と鮮やかな酸味が広がります。ミネラル感もあり、最後は少しだけ感じられる苦味が後味を引き締めます。

飲んだ瞬間に「女性の手によるもの」と感じられるような、色気のある仕上がり。バランス抜群で使い勝手が良いロゼワインです。

飲み方アドバイス

料理を選ばない一本。棒棒鶏や焼豚、春雨サラダなど、中華風の前菜との意外なマリアージュはぜひお試しを。

フランス  ロワール

かわいく弾けるピンクの泡 女子のハートをつかむ一本

スパークリング

マムゼル ビュル ロゼ 発泡

Mam'zelle Bulle

生産者：ドメーヌ ピエール ショヴァン
使用品種：ガメイ、グロロー ノワール
内容量：750ml
価　格：3686円

飲み心地
辛口

Profile

ショヴァン家

2005年オーガニックへ転換。高品質のワインを造るにはぶどうと大地に敬意を払うことが大切と考え、土壌を限りなく反映したワイン造りを目指す。

名前にぴったり！　女の子に好まれそうなカジュアルでかわいらしいラベルデザイン。

飲み方アドバイス

5～6度に冷やし、長いフルートグラスで飲むのがおすすめ。食前酒として、プチトマトや果物と。

女子会にぴったりな「ぴちぴちのお嬢さん」

ワイン名は「ぴちぴちのお嬢さん」の意味。このワインができた年に生産者の娘さんが口ずさんでいた歌のタイトルです。

口に含むといちごの果実味がフレッシュな泡とともに弾けます。程良くドライで飲みごたえがあるため、食中酒としても楽しめます。輝くローズレッドの色合いがキュートで、女子会などで楽しく開けたい一本です。

フランス　ラングドック

糖分を加えない古代製法
瓶ごとの個性を楽しんで

泡

ラ ボエーム
(リムー古代製法)

La Bohème Methode Ancestrale, demi-sec

生産者：ブランケット ベリュウ
使用品種：モーザック
内容量：750ml
価　格：3593円

青春オペラの名作「ラ ボエーム」の一幕を思わせるイラストが入ったカジュアルなラベル。

飲み心地
甘口

Profile

ベリュウ家

5haの畑で、希少な古代製法のスパークリングを造る。当主はオーガニック団体『ナチュールエプログレ』の会長を務めた筋金入りのオーガニック栽培家。

シードルのような飲み口 飲み慣れない人もぜひ

「古代製法」で造られるラ ボエームは、一般的なスパークリングワインのように糖分を加えないため、ぶどう本来の凝縮された甘さが感じられます。

アルコール度数が低めで、シードルのようなやさしい味わい。二酸化硫黄無添加で、年度やロット、時には瓶ごとに味が異なります。一点もののおいしさに出会う楽しみも格別です。

飲み方アドバイス

素朴なクラッカーやビスケット、シンプルな焼き菓子と相性抜群。前菜やティータイムに楽しみたい。

フランス　シャンパーニュ

40年以上オーガニック一筋
自家栽培醸造のお宝ワイン

泡

シャンパーニュ（3年熟成）

Champagne (AOC)

生産者：ヴァンサン ブリアール
使用品種：ピノ ムニエ、ピノ ノワール、シャルドネ
内容量：750ml
価　格：8963円

飲み心地
辛口

真っ赤な紀章と金色のあしらいがクラシカル。抜栓前から期待が高まる高級感あふれるラベル。

Profile

ブリアール家

「シャンパーニュのゆりかご」と呼ばれるオヴィレ村で代々続くぶどう農家。1970年オーガニックに転換。斜面の一等地の畑は他と比べてその差は歴然。

由緒正しい超一等地のぶどうを使用

ドンペリニョンがシャンパンを発明したオヴィレ修道院の斜面畑で育てたぶどうを、家族経営の小さなワイナリーで醸造。地下ワイン庫の樫樽で3年間以上熟成させ、瓶詰めします。

金色の泡が美しく、エレガントななかにもいきいきとしたぶどうを感じる味わい。喉を通った後も余韻が長く残る、特別なひとときに飲みたいワインです。

飲み方アドバイス

食前酒に最適。カッテージチーズをのせたミニトマトなど簡単な一品も、素敵な前菜に格上げ！

フランス　ローヌ

山奥の美しい畑から生まれる泡職人のスパークリング

泡

クレマン ド ディ

Crémant de Die “Brut”

生産者：ドメーヌ アシャール ヴァンサン
使用品種：クレレット、アリゴテ、
　　　　ミュスカ ア プティグラン
内容量：750ml
価　格：4463円

6代目でデメター（p38参照）の認証を取得。漆黒のラベルに真っ赤な認証マークが映える。

飲み心地
辛口

Profile

アシャール家

ローヌ地方のドローム河沿いで、6世代にわたりぶどうを栽培。化学肥料や除草剤の使用はワイナリー史上一度もなし。6代目からビオディナミ農法を実践。

キレのある辛口！メインに合うボリューム感

生産者のアシャール家は、スパークリングワインしか造らない「泡職人」です。町から隔離された山奥にあるワイナリーで造られるのは、透明感とキレのある辛口スパークリング。白い花や蜂蜜、マスカットの香りと、少しだけブレンドした品種「ミュスカ」の心地よい酸味が特徴。ボリューム感のあるクリアな味わいが楽しめます。

飲み方アドバイス

このワインを少量使ったソースをかけたチキンや魚料理と合わせて。香り高いソースとワインが合う。

フランス  シャンパーニュ

歴史ある修道院のカーヴで父娘が造るロゼシャンパーニュ

泡

シャンパーニュ ロゼ

Champagne Cuvée Rosé

生産者：ブリュノ ミシェル
使用品種：シャルドネ、ピノ ムニエ、ピノ ノワール
内容量：750ml
価　格：8991円

キュートなピンク色の泡、ロゴをあしらった上品なラベルは、女性への贈り物にぴったり！

飲み心地
辛口

Profile

ブリュノ ミシェル

ぶどう苗木栽培家としての活動の傍ら、シャンパン造りをスタート。畑には樹齢70年以上の古樹も。1999年からビオディナミ農法を実践。

気負わず楽しめる素直なシャンパーニュ

元接ぎ木職人の父が畑を、娘が醸造をそれぞれ担当する家族経営の小さなワイナリーのシャンパーニュ。18世紀に建てられた修道院のカーヴで、4年以上かけてゆっくりと熟成します。
　シャルドネのフレッシュさと、ピノ ムニエのフルーティーさや丸みを感じる、気負わず楽しめる素直な味わい。見た目も華やかなロゼシャンパーニュです。

飲み方アドバイス

クランベリーやいちごなどベリー系ドライフルーツと相性抜群。双方が持つ赤い果実の風味が際立つ。

フランス　コニャック

栽培から蒸留まで自家で！芳醇な大人の味

その他

コニャック VSOP 350ml

Cognac V.S.O.P. 350ml

生産者：セガン家
使用品種：ユニ ブラン
内容量：350ml
価　格：4463円

VSOPとは、5年以上の熟成年数を経たブランデーを指す。褐色の液体に映える赤のラベル。

飲み心地
辛口

Profile

セガン家

コニャック市の北部にぶどう畑を持ち、ぶどう栽培から蒸留まで手がける。こだわりのコニャックのほか、この地方では珍しい赤ワインや白ワインも造る。

年ごとの特徴も楽しみな単年収穫コニャック

高級ブランデーの代名詞「コニャック」。セガン家では、自家で栽培・醸造したオーガニックワインを、同じワイナリー内で蒸留して造ります。樽で6年間ゆっくりと寝かされ、まろやかな味わい。他の年のブランデーをブレンドしない「単年収穫」のコニャックなので、年ごとの特徴も楽しめます。食後の贅沢なひとときにどうぞ。

飲み方アドバイス

食後酒に。チョコレートやラズベリーをあしらったチョコレートムースなど、甘いものと一緒に。

フランス  ピレネー

丁寧に摘み、ゆっくり搾る
国王も愛した甘口ワイン

甘口ワイン

ジュランソン キュヴェ マリ ルイーズ（極甘口）

Jurancon Cuvée Marie Louise

生産者：シャトー ラピュイヤド
使用品種：プティ マンサン、グロ マンサン
内容量：750ml
価　格：8223円

飲み心地
極甘口

Profile

オリセ家

ピレネー山脈の麓に位置する。1999年からオーガニック認証を取得。冬は隣の羊飼いが羊を放牧して畑の除草をし、お礼にチーズやワインを贈り合う。

透かし模様入りのエレガントなデザインのラベル。透明感のある黄金色のワインにマッチ。

極限まで熟したぶどうを板で挟んでじっくり搾る

フランス国王アンリ4世も好んで飲んでいたデザートワイン「ジュランソン」。極限まで熟して水分が抜け、甘みが凝縮したぶどうのみを収穫。2枚の板に挟んで時間をかけて搾り、酵母の添加や補糖を一切行わずに樽で発酵させます。ドライフルーツやナッツ、ときにキャラメルやバニラの香りが楽しめる高級デザートワインです。

飲み方アドバイス

冷やして食前、食後酒としてどうぞ。羊や山羊など、個性的な味わいのチーズがぴったり。

イタリア　ピエモンテ

通も納得の飲みごたえ
ひたむきな人柄を映した逸品

赤

バルベーラ ダスティ スペリオーレ ロウヴェ

Barbera d'Asti Superiore Rouve

生産者：ロヴェロ フラテッリ
使用品種：バルベーラ
内容量：750ml
価　格：7389円

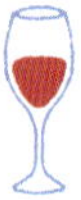

飲み心地
重口

特徴的な形のラベル。ワインの格の高さを表すようなゴールドのワイン名が美しい。

Profile

ロヴェロ家

1世紀以上のワイン造りの歴史を持つ老舗ドメーヌ。広さ約20haの畑で、1985年よりオーガニック農業を続ける。力強く洗練されたワインは受賞歴多数。

飲み方アドバイス

高級感があり、飲みごたえ十分。ワイン通の方に贈ってもはずさないこと間違いなしです。

まさしくフルボディ！ 大切なひとときにどうぞ

ピエモンテの銘醸地アスティで造られる、絶品フルボディ。長期熟成タイプで、保存環境さえ整えば15年以上は十分楽しめる、格調高い一本です。

ビターチョコレートやプルーン、紅茶の香りに、充分に熟した果実味。素晴らしく豊かでふくよか。特別なひとときに開けてじっくり時間をかけて楽しむのがおすすめです。

イタリア  シチリア

大きな寒暖差が生み出す エレガントでフルーティーな赤

赤

ネロ ダヴォラ

DOC Sicilia Nero d'Avola

生産者：マセリア デル フェウド
使用品種：ネロ ダヴォラ
内容量：750ml
価　格：2454円

品種名をシンプルにあしらったラベル。デザイン通り品種の魅力をシンプルに楽しめる一本。

飲み心地
中口

Profile

マセリア デル フェウド

シチリアのなかでも他に先がけてオーガニック農業を実践。ぶどうのほか、果樹やオリーブも栽培する。ワイナリーを訪れる人向けに宿泊も提供している。

酸味が心地良く気軽に楽しめる赤ワイン

海抜480mの丘の上に位置するこのワイナリーのぶどう畑周辺は、穏やかな気候と昼夜の大きな寒暖差が特徴。しっかりと甘いぶどうができあがります。

南イタリアらしい〝フルボディの赤〟というよりは、どちらかというとエレガントで、飲みやすいタイプ。フルーティーでしっかりとした味わいと酸味が楽しめる赤ワインです。

飲み方アドバイス

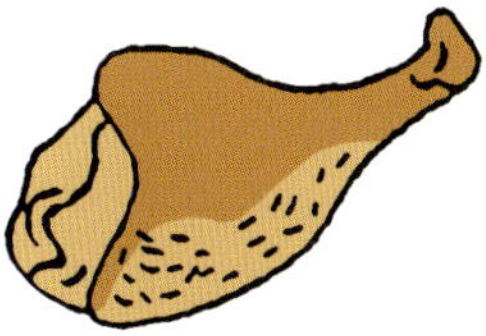

軽い飲み口はチキンやターキーに合う。照り焼きや煮込み、丸焼きなど、様々な料理と一緒に。

イタリア 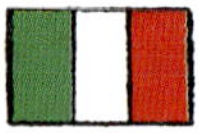 トスカーナ

毎日の食卓で楽しみたい シンプルでフレッシュな味わい

赤

キャンティ

chianti DOCG Etihetta Bianca

生産者：ファットリア マニョーニ
グイチャルディーニ
使用品種：サンジョベーゼ、
トレッビアーノ、
チリエジョーロ、
アブロスティーネ
内容量：750ml
価　格：2130円

白の余白が印象的なラベル。どんな料理も受け止める“器の大きさ”を物語るようなデザイン。

飲み心地
中口

Profile

ファットリア マニョーニ グイチャルディーニ

1870年に農地取得、1985年からワイン造り。オーガニックを選択することで、様々な人々や大地と深く繋がることができるのが、当主の幸せであり誇り。

飲み方アドバイス

豊かな甘味や酸味は、和の調味料と相性抜群。もつ煮込みや醤油ダレの焼肉などと一緒に楽しんでみよう。

昔ながらの味を思わせる飾らないデイリーワイン

世界遺産サンジミニャーノを臨む小さな村で造られる、シンプルで飲みやすいキャンティ。トスカーナを代表する品種「サンジョベーゼ」の持つ良さを堪能できます。

地元の人たちの間で気軽に飲まれていた昔ながらのワインを想像させる、飾らない味わい。普段の食卓で気軽に楽しめる一本に仕上がっています。

イタリア  トスカーナ

自然への敬意から生まれた赤 土着品種の魅力を満喫

赤

シーネ フェッレ キャンティ リゼルヴァ 赤
Chianti DOCG Riserva Sine Felle Rosso

生産者：ポデーレ カサッシア
使用品種：サンジョベーゼ、カナイオーロ、マルヴァジア ネーラ
内容量：750ml
価　格：5121円

ラベルもキャップシールも黒が基調。クラシカルな雰囲気で、高級感漂うデザイン。

飲み心地
重口

Profile

ポデーレ カサッシア

現役の外科医が営む農場。自然に対する深い敬意はもちろん、酵母の添加や濾過を行わないなど、醸造にも哲学を持って取り組んでいる。

豊かな風味とタンニン じっくり楽しみたい赤ワイン

生産者のロベルトは、多様に発展したイタリアの土着品種に注目。自然への敬意と強い哲学を持って「世界に一本」のワイン造りを目指しています。

そんな彼が造るのは、熟した赤い果実やプラム、チョコレートやミネラルなどの風味と、十分なタンニンが特徴的な赤ワイン。余韻が長く、じっくり向き合いたい一本です。

飲み方アドバイス

力強いタンニンには、脂っ気や旨味の強い料理が好相性。酢豚は意外なマリアージュが楽しめる一品。

イタリア　マルケ

急斜面の畑を吹き抜ける柔らかな風を感じるワイン

白

パッセリーナ

Passerina

生産者：ポデーリ サン ラッツァロ
使用品種：パッセリーナ
内容量：750ml
価　格：2454円

シルバーのキャップシールとアーティスティックなラベルがモダンな印象。

飲み心地
辛口

Profile

ポデーリ サン ラッツァロ

オッフィーダ村で、何世代にも渡り自家用ワインを生産。化学肥料や除草剤などは使用したことがない。この土地の特徴を反映し、伝えるべくワイン造り。

アドリア海の土着品種 パッセリーナ100%ワイン

アドリア海に面したマルケ州。風光明媚な急斜面の畑で育った土着品種「パッセリーナ」を100%使用。華やかな香りと味わいのバランスを大切にして仕上げられた白ワインです。

蜜のニュアンスがある柔らかい印象で、アペリティフはもちろん、パスタや魚料理のほか、鶏や豚などの淡白な肉料理と合わせても楽しめます。

飲み方アドバイス

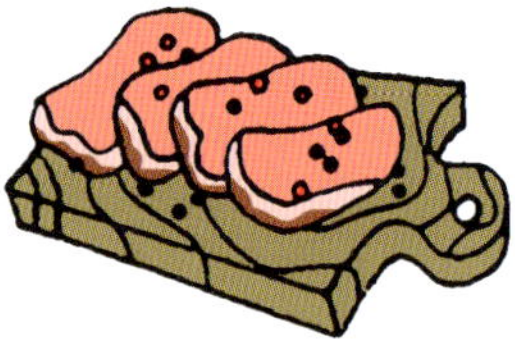

スモークハムやローストポークなど、あっさりとした豚肉料理との相性は意外にもぴったり。

イタリア 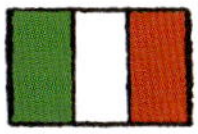 ベネト

アルプスの麓に広がる畑
コスパ抜群の気取らない泡

泡

スプマンテ ヴェネツィア

Spumante Brut Venezia(D.O.C)

生産者：テッラ ムーザ
使用品種：グレラ（プロセッコ）
ヴェルドゥッツォ
内容量：750ml
価　格：2584円

飲み心地
辛口

Profile

ムザラーニョ家

元はヴェネチアの実業家が、ワイン趣味が高じて始めたワイナリー。手入れの行き届いたぶどう畑に、北イタリア人の勤勉さが感じられる。

重厚でクラシカルな印象のボトルやラベルからは想像もつかない、親しみやすい味わい。

クールビューティなイタリアのスパークリング

気取ったところがなく、軽快な印象のスパークリングワイン。瓶内で二次発酵させる「シャンパーニュ方式」ではなく、タンク内で二次発酵させて瓶に詰める「シャルマ法式」で造られています。レモンの皮やイースト、花の蜜の爽やかで清涼感ある香りが心地よく、キリッと冷やして飲みたいクールビューティな味わい。食前の一杯にどうぞ。

飲み方アドバイス

軽くて飲みやすいコストパフォーマンス抜群の泡。休日のランチタイムに気軽に開けたい。

イタリア  ピエモンテ

クリアな色とバラの香り 女性に大人気の微発泡ワイン

泡

ブラケット 赤

Piemonte Brachetto

生産者：ロヴェロ フラテッリ
使用品種：ブラケット、ダックィ
内容量：750ml
価　格：2945円

特徴的な色合いを想像させるような、真紅のエンブレムをあしらった上品なラベル。

飲み心地
甘口

Profile

ロヴェロ家

ピエモンテ州の銘醸地アスティで17世紀より続く名門。オーガニック歴は1985年から。スローライフを体感できる宿泊施設やレストランも経営している。

食前食後を華やかに彩る繊細でやさしいスパークリング

クリアなルビーレッドが目を引く、微発泡赤ワイン。バラのような香りと、熟した果物を口いっぱいに頬張ったようなみずみずしい甘さが楽しめます。

一般的なスパークリングに比べて、繊細でやさしい飲み口。アルコール度数も6%と低めで、ワインを飲み慣れない方にもおすすめです。果物やナッツのデザートとも相性抜群です。

飲み方アドバイス

キリッと冷やして小さくカットした果物にかければ、即席フルーツポンチのできあがり！

スペイン　リオハ

荒野のオアシス畑から届く複雑な味わいを誇る銘酒

赤

リオハ シンコ デナリオス

DOCa Rioja Cinco Denarios

生産者：ラス セパス
使用品種：グラシアーノ、グルナッシュ、テンプラニーリョ
内容量：750ml
価　格：3102円

飲み心地
重口

Profile

ラミレス家

銘醸地リオハ南部の荒涼台地に位置し、わずかな地下水脈からできたオアシスのぶどう畑を持つ。朴訥な兄がぶどう栽培を、伊達男の弟が醸造を担当。

ラベルに描かれた銀貨は畑から出土したローマ時代のもの。歴史のロマンを感じる一本。

人気品種グラシアーノ50% 長期熟成タイプの赤

リオハの定番品種「テンプラリーニョ」に加えた「グラシアーノ」のおかげで、力強い渋味や酸味を備えた一本。10年以上の長期熟成も可能な仕上がりです。

カシスやブルーベリーを煮詰めた果実香に、スパイスや葉巻の複雑な香り。凝縮した果実味を楽しむためには、15～18度で飲むのがおすすめです。

飲み方アドバイス

チーズとの相性は抜群。原産地を揃え、「イディアサバル」などのスペイン産チーズと合わせて。

スペイン  エストレマドゥーラ

自然愛に満ちた新鋭が造る長く楽しめる箱入りワイン

赤

エル ヴァルディオ

El Valdio

生産者：セロ ラ バルカ
使用品種：テンプラニーリョ
内容量：3000ml
価　格：6350円

飲み心地
重口

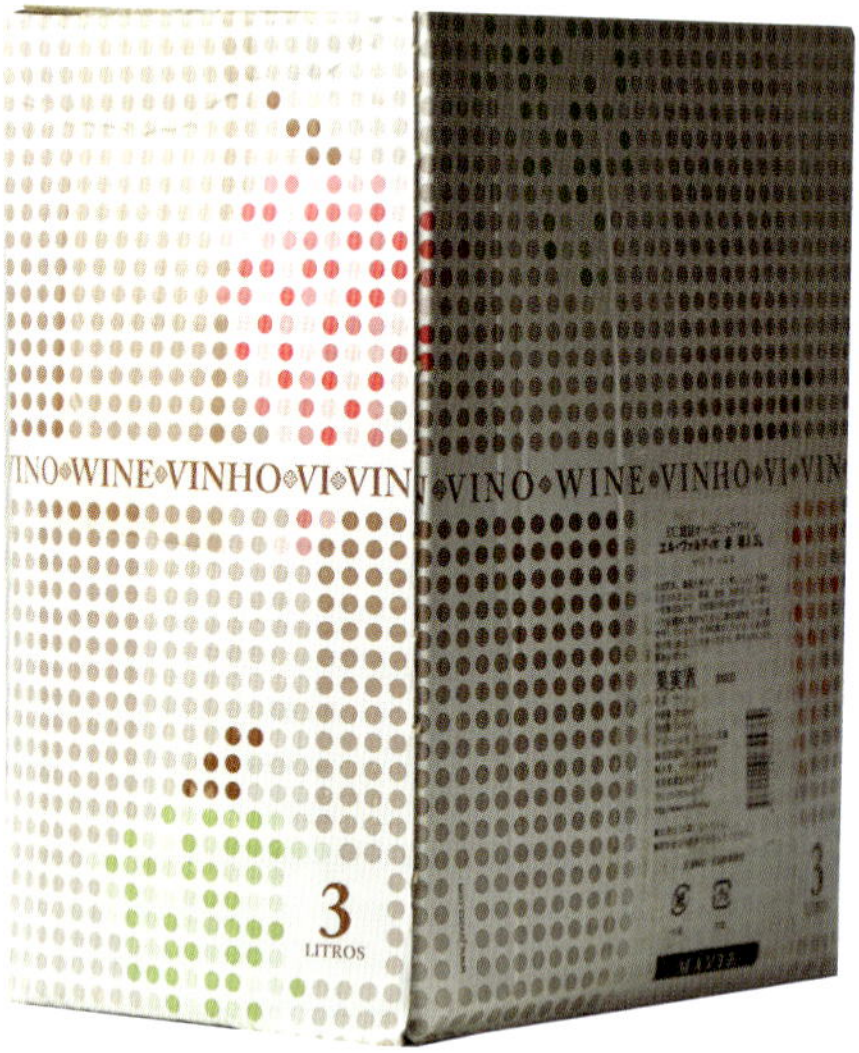

箱は高さ217×幅171×奥行102mm。ボトル約4本分のワインが楽しめる大容量ボックス。

Profile

セロラバルカ

大学の醸造科で出会った若手2人が運営。自然に寄り添いつつ、ワイン造りには温度管理面などで革新的な技術を導入する、新鋭の造り手。

飲み方アドバイス

濃厚なソースよりあっさりした味付けと合う。トマトやオリーブオイルを使った軽めの肉料理と一緒に。

たっぷり紙箱入りでスペインワインの魅力を堪能

乾燥した高原地帯と強い陽光、昼夜の大きな気温差によって育まれ、旨味が凝縮したぶどうを使用。ダークチェリーやカシスの果実味にスパイスやバニラの香りが広がる、スペインらしい魅力に満ちた赤ワインです。

アルミパウチバッグを紙箱に納めたボックスワインは、開封後も空気が入らず長く楽しめます（冷蔵庫保存で約1ヵ月）。

スペイン  カタルーニャ

次世代に遺すべき幻のぶどう 唯一無二の奇跡の味わい

白

ペネデス マルヴァジア

Penedès Malvasia

生産者：ベガ デ リベス
使用品種：マルヴァジア デ シッチェス
内容量：750ml
価　格：4982円

飲み心地
辛口

Profile

バルトラ家

1540年から続くワイン農家。当主はスローフード協会員。地場品種のワイン造りに情熱を注ぐ。家族や消費者の安全と環境保全のためにオーガニックを選択。

スパークリングワインを思わせるような、クラシカルで高級感あふれるボトル。

飲み方アドバイス

相性の良い鶏肉やチーズを使った「ささみのチーズカツフライ」とのマリアージュはぜひ一度お試しを。

希少品種から造られる存在感抜群の白

バルトラ家の作る「マルヴァジア デ シッチェス」という品種はとても希少で、スローフード協会から「次世代に遺すべき品種」として受賞した幻のぶどうです。

この品種を100%使用して造られる、まろやかで凝縮感のある白ワイン。メインの肉料理と合わせられるほど存在感があり、余韻が長く続くタイプです。

スペイン  カタルーニャ

住民100人の村で造られる「自分たちだけのカヴァ」

泡

カヴァ ブリュット

Cava Brut

生産者：マス デ ラ バセロラ
使用品種：パレリャダ、マカベオ
内容量：750ml
価　格：2769円

飲み心地
辛口

Profile

ビベス家

カヴァの産地では最も標高の高い自然公園に囲まれた小さな村にあるワイナリー。祖先が150年耕し続けたミネラル豊富な畑に感謝し、自然な農法を実践。

ぶどうの葉をあしらったラベル。果実の持つ力をシンプルに味わえるイメージ。

土地とぶどうの魅力を詰めた この地ならではの味わい

スペインの気軽に楽しむスパークリングワイン「カヴァ」。ビベス家が目指すのは、自分たちの住む土地のぶどうの特徴を最大限に引き出した〝自分たちだけのカヴァ〟です。

グレープフルーツなどの柑橘系に、ハーブや火打石、ほんのり蜂蜜の香り。柔らかな泡と果実味、ほろ苦い後味が楽しめる軽やかなスパークリングです。

飲み方アドバイス

新鮮さにこだわり、出荷前に一本一本澱抜きされている。手元に届いたらできるだけ早く楽しんで。

スペイン  アンダルシア

酒精強化せず造られた
雑味のない辛口食前酒

その他

ドラド セコ
シェリータイプ

Sierra Morena Dorado Seco

生産者：ゴメス ネヴァド
使用品種：アイレン、パロミーノ、ペドロヒメネス
内容量：750ml
価　格：3102円

ワインは、上品に輝く黄金色。ラベルに記された「DRY」の文字が、辛口好きの期待を高める。

飲み心地
辛口

Profile

ネヴァド家

アンダルシア州コルドバ北部で1870年からワイン造りを続ける。1988年に同州で最初にオーガニック認証を取得。オリーブの栽培や農家民宿も営む。

ドライシェリー好きに自信を持ってすすめたい

辛口のシェリーがお好きな方にはぜひ試していただきたい逸品。ネヴァド家のぶどうは糖度が高いため、ブランデーを添加（酒精強化）しない昔ながらの製法で造られます。

アルコールは16％と高めですが、雑味がなく、リッチなナッツやドライフルーツの風味。飲みごたえがあり、いつまでも酔いしれたくなる一本です。

飲み方アドバイス

ぜひ室温で楽しみたい。様々なタパスと好相性のほか、クッキーやケーキと合わせて食後酒にも◎。

オーストリア 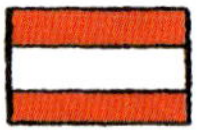 ドナウ

ドナウの若き才能が届ける東洋のニュアンス漂う一本

赤

ツヴァイゲルト

Zweigelt

生産者：ヴァイングート ディヴァルト
使用品種：ツヴァイゲルト
内容量：750ml
価　格：2584円

飲み心地
重口

Profile

ディヴァルト家

1980年以来のオーガニック歴。畑は父、醸造は息子が担当する。なるべく人の手が介入しないワインを目指し、その土地特有の味わいを大切にしている。

赤を基調としたアートワークがモダンなラベル。軽めの印象だが、味わいは複雑で芯がある。

飲み方アドバイス

珍しいマリアージュとしては、甘辛いうなぎの蒲焼と相性抜群！ 少し低めの温度で合わせて。

五香粉や茶葉のような東洋的な香りも

柔らかな果実味が飲みやすい、ジューシーな赤ワインです。香りのなかに、ほんのりと五香粉や烏龍茶の茶葉のような東洋的なニュアンスが感じられるので、焼き豚などの中華料理や、アジア料理に合わせてみてもおもしろいでしょう。

手軽に開けられるスクリューキャップタイプ。ぜひ普段の食卓でも楽しんでみてください。

オーストリア　ニーダーエスタライヒ

ミネラル感と果実味を備えた バランス抜群の秘蔵ワイン

白

レス グリューナー フェルトリーナー クレムスタール レゼルヴェ

Loss Gruner Veltliner Kremstal DAC

生産者：マントラーホフ
使用品種：グリューナー フェルトリーナー
内容量：750ml
価　格：3800円

輝きのあるレモンイエローのワイン。かわいいぶどうのイラストが印象的。

飲み心地
辛口

Profile

マントラー家

少量生産の高品質ワインが人気。同じ品種でも畑ごとに異なるぶどうの魅力をも表現する繊細なワイン造り。小麦や大豆などもオーガニック栽培している。

長く香る華やかな香り 和食とも合う繊細な味わい

ミネラルを感じるキリッとした味わいながら、まろやかな果実味とボリュームもあり、バランス抜群。白桃やパイナップルの果実香に、蜂蜜やハーブ、ホワイトペッパーがアクセント。余韻も長く、華やかなフレーバーをしばらく楽しめます。

ローストポークやグリルした野菜はもちろん、和食とも相性が良い一本です。

飲み方アドバイス

お造りやお浸しなど、素材の味を楽しむシンプルな和食と好相性。毎日の晩酌で気軽に楽しみたい。

オーストリア　ブルゲンラント

徹底したビオディナミ農法から生まれた口当たり抜群の白

白

マインクラング グリューナー フェルトリナー
MEINKLANG GRUNER VELTLINER

生産者：マインクラング
使用品種：グリューナー フェルトリナー
内容量：750ml
価　格：2400円
輸入元：株式会社徳岡

飲み心地
辛口

ビオディナミ農法で活躍する「アンガス牛」（糞や骨を肥料として利用）をあしらったラベル。

Profile

マインクラング

500年以上の歴史を持つ複合農家。農家所有のアンガス牛をはじめとする牛の糞や骨を肥料として使うビオディナミ農法を実践。2003年にデメター認証取得。

オーストリアを代表する白ぶどう品種の魅力を堪能

徹底したビオディナミ農法（p96参照）によって作られたこの国の代表的な品種「グリューナー フェルトリナー」の魅力を余すところなく堪能できる、中辛口の白ワインです。

柑橘系の爽やかさと、ハーブを感じさせる繊細な香りが食欲を刺激。調和のとれた酸味とふくよかな果実味のバランスが心地よく、口当たり抜群の一本です。

飲み方アドバイス

辛口白と魚は鉄板の組み合わせ。刺身を使ったサラダやカルパッチョなど、あっさり系の前菜と一緒に。

オーストリア　ドナウ

10年に一度の尊い味わい!?
希少な高級デザートワイン

甘口ワイン

リースリング ベーレンアウスレーゼ
Riesling Beerenauslese

生産者：マントラーホフ
使用品種：リースリング
内容量：500ml
価　格：6556円

飲み心地
極甘口

ほっそりしたシュレーゲル瓶。ワインと同色のゴールドのラベルと相まって品格のある印象。

Profile

マントラー家

長期熟成型の白ワインに定評のある実力者。天災を経験して農業とワイン造りを省みて、2003年と2006年の2段階を踏んでオーガニック農業へと転向。

超完熟の果実を使用 甘やかで気品のある香り

過熟及び貴腐果実を使うデザートワイン。特別な年にのみ生産される、希少価値の高いワインです（2009年以前で同種のリースリングを生産したのは10年前）。

杏や白桃、金木犀のような黄色い花が感じられる、とろけそうに甘やかで、かつ気品のある香り。大切に飲みたい、繊細で芳醇な甘口ワインです。

飲み方アドバイス

チーズのコクとも好相性。チーズケーキにフルーツソースを添えたデザートと一緒に楽しんで。

オーストリア  ドナウ

華やかな香りにみんな釘付け！リピート必至のフレンドリーな味

ロゼ

LWツヴァイゲルト＆ポルトゥギーザー

Zweigelt & Portugieser LW 1L Rosé

生産者：ヴァイングート ディヴァルト
使用品種：ツヴァイゲルト、ポルトゥギーザー
内容量：1000ml
価　格：2399円

飲み心地
辛口

ぶどう畑を見渡すかわいい小さな窓のイラスト。キュートな口当たりを表すようなデザイン。

Profile

ディヴァルト家

1980年からオーガニック農業を実践するパイオニア。できる限り人の手を加えず、土地とぶどうの特徴が最大限に引き出されたワイン造りを目指す。

2種のぶどうの特徴が際立つバランス抜群の飲み心地

みずみずしいメロンやさくらんぼに、バラの花、ピンクペッパーを感じさせる華やかな香り。口に含むと、いちごのようなフレッシュで甘酸っぱいかわいらしい果実味が広がります。

余韻を引き締めるわずかな苦味とかすかな渋味がバランス良く、ついついグラスが進みます。1000mlもすぐに空けてしまいそうなロゼワインです。

飲み方アドバイス

根菜から葉物まで様々な野菜と好相性。好みの野菜を使ったシンプルなオーブン焼きとともに。

ドイツ  フランケン

年間1300本の稀少ワイン 丁寧に手造りされた深い味

赤

ポルトゥギーザー

Klingenberger Schlossberg Portugieser trodken (QbA)

生産者：シュトリッツィンガー
使用品種：ポルトゥギーザー
内容量：750ml
価　格：3778円

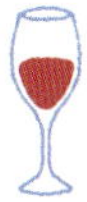

飲み心地
重口

原産地の風景を描いたラベル。景観保存地区でもあるメルヘンな街並みに思いを馳せて。

Profile

シュトリッツィンガー家

1985年からオーガニック農法開始、1990年にEU認証取得。以前は家族用に造るのみだったが、元醸造技術者のご主人が試行錯誤を重ね、ワイナリー設立。

軽さのなかに深味を感じる 少量生産の手造りワイン

ロマンチック街道のあるドイツ南部のフランケンで造られる、年間生産本数１３００本の希少ワイン。野いちごやハーブのかわいらしい香りとやさしく繊細な味わいは、まるで子どもの頃に想像した外国の童話に登場する「ぶどう酒」のよう。

フルーティーで軽い飲み口ですが、同時に奥深い味わいが後を引き、決して退屈させません。

飲み方アドバイス

深味のある味は、丁寧に作る和食と合わせたい。時間をかけて出し汁をとるなど、ひと手間かけて。

ドイツ  フランケン

爽やかな香りとミネラル感 高貴で涼やかな白ワイン

白

リースリング カビネット 白

Klingenberger Schlossberg
Riesling “Kabinett”

生産者：シュトリッツィンガー
使用品種：リースリング
内容量：750ml
価　格：4519円

飲み心地
辛口

グリーンがかった透明感ある色合い。オーガニック認証機関「Bioland」の認証マーク付き。

Profile

シュトリッツィンガー家

マイン河を見下ろす急勾配の段々畑で、1985年からオーガニック農業を実践。政府が提唱する「環境保全型農業連邦プログラム」の実演農家でもある。

飲み方アドバイス

強すぎない酸味は淡白な肉料理に合う。本場ドイツの食卓を真似て、ソーセージやリエットを合わせて。

手作業で丁寧に造られるフルーティーな白ワイン

機械を持ち込めないほど急斜面にある段々畑で、手作業で丁寧に育てられたぶどうを使用。年間約1000本と少量生産かつ8割が地元で消費される希少価値の高いワインです。

レモンや白い花を思わせる爽やかな香りと、十分なミネラル感を兼ね備えます。程良い酸味が全体を引き締め、冷涼感あふれる高貴な仕上がりです。

ドイツ　ヴュルテンベルク

古城を囲む畑から収穫 城内で瓶詰めされたロゼ

輝くサーモンピンクの色合いが美しい。ワイナリーのマークを小さくあしらった上品なラベル。

ロゼ

シュペートブルグンダー ヴァイスヘルプスト

2015 Spätburgunder Weissherbst

生産者：シュロスグート・ホーエンバイルシュタイン
使用品種：シュペートブルグンダー
内容量：750ml
価　格：3500円
輸入元：銀座ワイナックス

飲み心地
辛口

Profile

シュロスグート・ホーエンバイルシュタイン

ホーエンバイルシュタイン城を所有するディポン家。城を囲む畑で収穫、城内の生産所で瓶詰めまで行うため「シュロスグート（城詰め生産者）」を名乗る。

単一品種のみで造られる すっきりタイプのロゼ

シュロスグート・ホーエンバイルシュタインは、14haの畑を所有し、1987年以来有機農法でぶどう栽培を続けています。

おすすめは、ドイツで最も多く栽培される赤ワイン用品種「シュペートブルグンダー（ピノノワール）」のみを使用したロゼ。タンニンは少なくフルーティー。程良い甘味と酸味を備えたやや辛口のタイプです。

飲み方アドバイス

魚介と合わせやすいロゼワイン。魚介の旨味を閉じ込めたトマト煮やアクアパッツァがおすすめ。

ポルトガル  ドウロ

世界遺産の急勾配の畑で 手間隙かけて造られた銘酒

赤

ドウロ

Douro Quinta da Esteveira (DOC)

生産者：カザウ ドス ジョルドス
使用品種：トウリーガ フランセーザ、ティンタ ホリス
内容量：750ml
価　格：3010円

重く力強い味わいにふさわしく、クラシカルでどことなく男性的な印象のラベル。

飲み心地
重口

Profile

ピント イ クルス家

オーガニック歴は1994年から。急勾配の斜面という厳しい土地ながら、農業エンジニアの経験と知識を生かして、高品質のワインを生産。

崖の畑から収穫される 貴重な果実をご堪能あれ

ぶどう畑は切り立った崖にあります。気候も地形も厳しい条件が揃うなか、工夫を凝らしたぶどう栽培とワイン造りを実践しています。

陽光をいっぱいに受けたぶどうから造られたワインは力強く野性的で、煮詰めたプルーンのような凝縮した果実味が特徴。タンニンと酸味のバランスが良く、甘くない重めの赤です。

飲み方アドバイス

まろやかで厚みのある赤には、野菜をたっぷり付け合わせたローストチキンなどの地鶏料理がおすすめ。

ポルトガル  ドウロ

選ばれし最良の果実で造る 食後を甘く彩るワイン

ゴールドの文字が映えるブラックラベル。贅沢なデザートタイムにふさわしいデザイン。

甘口ワイン

ポルト タウニー

Porto Tawny (DOC)

生産者：カザウ ドス ジョルドス
使用品種：トウリーガ フランセーザ、ティンタ ホリス、ティントゥ カゥン
内容量：750ml
価　格：4241円

飲み心地
甘口

Profile

ピント イ クルス家

ぶどうは全てオーガニック栽培だが、自家醸造に使うのは最上質の果実のみ（全体の20％）。ワインの品質には定評があり、国内外で多数の受賞歴を持つ。

複雑な香りと奥深い甘さ ゆっくりじっくり楽しんで

世界三大フォーティファイド（酒精強化）ワインのひとつである「ポルト」。ピント イ クルス家のポルトは、干しぶどうや果物のジャム、シガー、コーヒーが合わさった複雑な香りと、奥深い甘さが特徴です。

食前酒として有名ですが、チョコレートやナッツ、ドライフルーツ系のデザートと一緒に食後酒としても楽しめます。

飲み方アドバイス

半分に切って種をくりぬいたメロンに冷やしたポルトをたらしていただくのが現地の楽しみ方。

カリフォルニア  ナパ

環境問題にいち早く取り組んだ オーガニック栽培先駆者の作品

赤

フロッグス・リープ メルロー ラザフォード ナパヴァレー

Frog's Leap Merlot Rutherford Napa valley

生産者：フロッグス・リープ・ワイナリー
使用品種：メルロー、
　　　　　カベルネソーヴィニヨン
内容量：750ml
価　格：6300円
輸入元：ラ・ラングドシェン株式会社
取扱い：しあわせワイン倶楽部

ワイナリー名はカエル養殖場の一角に創立されたことにちなむ。ユニークなラベルは賞も受賞。

飲み心地
中口

Profile

フロッグス・リープ・ワイナリー

1981年にセントヘレナに設立された。この地域のオーガニック栽培の先駆者で環境問題にも取り組む。2004年からは100%太陽光発電でワイナリーを運営。

ハーブや茶葉が香る しなやかで複雑な赤

生産者は、ビジネスライクなワイン造りを目的としない家族経営ワイナリー。ビオディナミ農法を実践し、風土を映したワイン造りを目指しています。

代表品種であるメルローを94％使用したワインは、ハーブや茶葉の香り。チョコレートのアクセントとバランスの良い酸味をタンニンが支え、しなやかで複雑な味わいです。

飲み方アドバイス

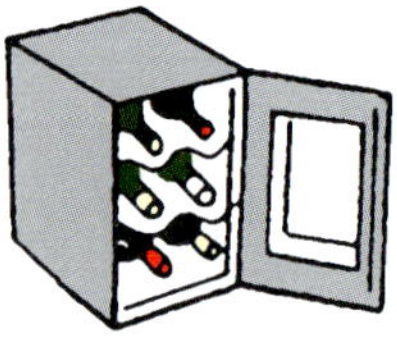

辛口のミディアムボディ。セラーがあって最適な環境下で保存できるなら数年寝かせてもおもしろい。

カリフォルニア  サンタバーバラ

飲み頃予想は2033年まで!?
土地の個性を移すユニークな赤

赤

オー・ボン・クリマ ピノ・ノワール
“ノックス・アレキサンダー”
サンタマリアヴァレー

Au Bon Climat Pinot Noir
Knox Alexander

生産者：オー・ボン・クリマ
使用品種：ピノ・ノワール
内容量：750ml
価　格：6900円
輸入元：株式会社中川ワイン
取扱い：しあわせワイン倶楽部

飲み心地
中口

Profile

オー・ボン・クリマ

2003年にオーガニック認証を取得。糖や酸を補わず、野生酵母のみで発酵させる伝統的な手法を尊重。ブルゴーニュ・スタイルのワイン造りに徹している。

このワイナリーの特徴でもある、ワイン造りのイラストが描かれた印象的な三角形のラベル。

長男の誕生記念ワイン
将来が楽しみな長期熟成型

オーナー兼ワインメーカーのジム・クレデネンさんが、長男ノックス・アレキサンダーさんの誕生を記念して１９９７年から造り始めたワインです。

赤や黒の果実香に、落ち葉やマッシュルームの香り。とてもなめらかで旨味あふれる口当たりです。飲み頃予想は今から２０３３年までとなっており、熟成させるのも楽しみな一本です。

飲み方アドバイス

フルに近いミディアムボディ。醤油やオイスターソースで程良く濃厚に仕上げる回《ホイ》鍋《コー》肉《ロー》がグッドマッチ。

カリフォルニア  サンタバーバラ

厳しい認定条件をクリア！
湧き水のような透明感

白

ジラソーレ シャルドネ オーガニック メンドシーノ

Girasole Organically Grown Chardonnay Mendocino

生産者：ジラソーレ・ヴィンヤーズ
使用品種：シャルドネ
内容量：750ml
価　格：2800円
輸入元：株式会社デプトプランニング
取扱い：しあわせワイン倶楽部

「ジラソーレ」はイタリア語でひまわり。ぶどう畑に植えられ、肥料としても使われている。

飲み心地
辛口

Profile

ジラソーレ・ヴィンヤーズ

カリフォルニア州有機栽培農家の規定をクリア。ワイン造りにおける哲学は「消費者がぶどうの品種ごとに現れる自然な性格を味わえるように」というもの。

シャルドネの好立地から届く まろやかでやさしい旨味

カリフォルニア州北部に流れるルシアン・リヴァーの源流地域の高原で育てたシャルドネを使用。砂と砂利を主体とした土壌と霧の多い気候が、香りの凝縮したワインを生み出します。

レモンやライム、リンゴなどの繊細な果実香と柔らかい口当たり。湧き水を飲んだときに感じられるような透明感のあるやさしい旨味が広がります。

飲み方アドバイス

ほうれん草のキッシュやマカロニグラタンなど、クリーミーでまろやかな料理に合わせて楽しもう。

カリフォルニア  ソノマ・ヴァレー

世界的クリエイターが造る少数生産の希少ロゼワイン

ロゼ

ラセター・ファミリー“アンジュ・ロゼ”ソノマヴァレー 2011

2011 Lasseter Family Winery
Enjoué Rosé Blend
Sonoma Valley Estate Grown

生産者：ラセター・ファミリー・ワイナリー
使用品種：シラー、ムールヴェドル、グルナッシュ
内容量：750ml
価　格：3800円
輸入元：ワイン・イン・スタイル株式会社
取扱い：しあわせワイン倶楽部

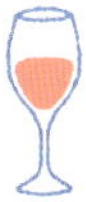

飲み心地
辛口

Profile

ラセター・ファミリー・ワイナリー

CGアニメ監督として有名なジョン・ラセターによる家族経営ワイナリー。2002年にソノマに移り、敷地の動植物の生育環境を修復し、有機栽培をスタート。

明るいサーモンピンクのワインにユニークなイラストが映え、名前の通り楽しげな雰囲気。

飲み方アドバイス

さっぱりとした魚料理に。醤油が効いた「マグロのポキ」との組み合わせはぜひ試してみて。

どんな料理にも合う バランス抜群の辛口

「アンジュ」はフランス語で「陽気な、楽しげな」の意味。最新設備を揃えたエコフレンドリーなワイナリーで造られる、すっきり辛いロゼワインです。

いちごやルビーグレープフルーツの香りと熟成香。果実味と熟成感を兼ね備え、しなやかな舌触りに、とても長く続く余韻。どんな料理にも合わせやすい、バランスの良いワインです。

日本　新潟

宝箱のような畑から生まれる凝縮感たっぷりの赤ワイン

赤

箱庭

生産者：小林英雄
使用品種：カベルネ ソーヴィニヨン、メルロー、カベルネフラン、プティベルド
内容量：750ml
価　格：4860円

飲み心地
軽口

きらきらワクワクする要素がいっぱいに詰まった「赤い宝箱」を思わせる水彩画が特徴。

Profile

ドメーヌショオ

国産ぶどう100%のワイン造りに情熱を注ぐ夫婦経営のワイナリー。除草剤不使用、土を軟らかく保つため人力で作業するなど、極力自然な栽培を目指す。

混植の小さな畑から何十回にも分けて収穫

ワイナリー前の小さな庭のような畑から収穫する4種のぶどうを使うことから、この名前が付きました。完熟した果実のみを厳選するため、何回にも分けて収穫。ゆっくりと発酵を見守り、樽熟成を経て無濾過で瓶詰めします。土の香りにビネガー的な刺激香が加わり、とても奥深い味わい。毎年少量しか生産されない希少な一本です。

飲み方アドバイス

低めの温度（10～14度）で楽しみたい。夏場なら、飲む1時間ほど前から冷蔵庫で冷やして。

日本　新潟

はまるとクセになる個性派!? 旨味や渋味もある複雑な白

白

水の綾

生産者：小林英雄
使用品種：シャルドネ
内容量：750ml
価　格：4860円

飲み心地
辛口

荒地から最初に造った始まりの畑“水の綾”をイメージした水彩画をラベルにデザイン。

Profile

ドメーヌショオ

より自然な醸造を日々追求。ぶどうの個性を一番に考えて、「ぶどうのなりたいようになるのを手伝う」というスタンスでワイン造りに取り組む。

白ぶどう品種を赤ワインの製法で醸す

ワイナリーの最初の畑「水の綾」から収穫したぶどうを使用。糖度や酸度といったその年のぶどうの状態に合わせ、醸し期間を調整して造られています。

白ぶどうを赤ワインの製法で醸す「オレンジワイン」と呼ばれるタイプ。ぶどうの皮も一緒に漬け込むことで、皮由来の旨味や渋味が加わり、驚くほど複雑な味わいになっています。

飲み方アドバイス

白と赤の特徴を合わせ持つ個性的な味わいは、食べ合わせも未知数。食材や調味料で冒険して。

Column

自然派ワイン？　ビオワイン？
よく目にするワインの正体とは

法的な定義や規制がないため品質の保証が難しい一面も

オーガニックワインの人気に比例して、「ビオディナミ」や「自然派ワイン」、「ビオワイン」など、〝オーガニックっぽいイメージ〟を想起させるキーワードをよく目にするようになりました。

「オーガニック」には法律の規定があり、認証が必要。違反すれば処罰されます。一方、その他については明確な定義がなく、違いがわかりづらくなっています。

真の意味でオーガニックな素晴らしいワインもなかにはありますが、法律の規定がないがゆえに誰でもそれを名乗ることができ、品質が保証されないという危うさもあります。

農法の名前

リュット・レゾネ（減農薬）

農薬使用を前提とせず、病虫害の発生などがあった場合に最小限使用。農薬使用の基準（種類や量）は明確に定められているわけではなく、農家の判断に任される。

ビオディナミ

化学肥料や農薬を排除する点はビオロジックと同じ。さらに、月や惑星の運行に即して農作業を行うなど、生物の潜在的な力を引き出し土壌に活力を与えることを重視。

オーガニック（ビオロジック）

化学肥料や体や環境に害のある化学物質（農薬）を一切使わず、より自然な環境で栽培する農法（大昔から使用されている原始的な農薬のみ認められる）。

ワインの種類

自然派ワイン（ヴァン・ナチュール）

一般的には「自然な方法」（化学的な物質を極力使用しないなど）で造ったワインのことを指す。減農薬栽培のぶどうから造るワインも、自然派ワインの一例。ただし、明確な定義や認証制度は存在しない。

ビオワイン

上記のビオロジックやビオディナミ農法、またはその一部を取り入れた農法によるぶどうを使ったワインを指すことが多い。EUでは「ビオ＝オーガニック」と規定されているが、日本では規定がないため、定義が曖昧。

Chapter

3

飲み方から保管まで

オーガニックワインを100％楽しむコツ

オーガニックワインは、一般のワインより少々デリケート。良質なものを手に入れ、楽しむにはコツが必要です。選び方から飲み残しの保存方法まで、アドバイスします。

おいしいワインと出会う

自分の舌が判断基準！ワイン初心者こそ楽しめる

飲み慣れていないから楽しめる ブランドイメージとは無縁の世界

ワインに対して、「難しそう」「ハードルが高い」と感じる人は少なくありません。国や地方ごとの格付け、ヴィンテージ、名門シャトー……。様々な決まりごとやルールが〝格式の高いブランドイメージ〟を作っています。

しかし、本来ワインの楽しみは、こうした格付けや難しい知識とは無縁のものです。オーガニックワインは添加物によって味や香りが補正されていないため個性が強く、土地や気候の影響がストレートに反映されます。違いを判断するのは、自分の舌だけ。難しい知識や経験がなくても楽しめます。

オーガニックワインのおいしさを知るにはまず、オーガニックワインだけを続けて飲み、味覚の基準を持つことが大切です。添加物で補正されたワインを飲んでいると舌が慣れ、本来のワインのおいしさが感じられなくなるからです。そういった意味では、ワインをたくさん飲み慣れていない〝初心者〟こそ、より楽しみやすい世界といえます。

Column

（覚えておきたい基礎知識）

風味、香り、泡の美しさ……魅力を引き出す基本のグラス

一般的なワイングラスは右の5種。①「リースリング型」：酸味の強い白にぴったり。②「ボルドー型」：カベルネ ソーヴィニヨン向けに作られた。濃厚な赤に。③「オークドシャルドネ型」：柔らかい酸味の白に。④「フルート型」：泡が抜けにくく美しさが引き立つ。⑤「ブルゴーニュ型」：ピノ ノワール向けに作られた。酸味の強い赤に。

“○×△法”で舌を育てて好みを見つけよう

Step 1

オーガニックワインだけを選ぶ

まずは工業的なワインをやめて、オーガニックワインだけを飲むこと。なるべく信頼できるショップで、質の良いものを選ぶと安心（p102参照）。

Step 2

食事とともに飲んで「○×△」で評価

赤なら肉、白なら魚というセオリーでなくてもおいしいマリアージュもある。食事を一口食べて、ワインを一口。さて、どう感じた？

◎
おいしさと香りが広がった！

香りが広がり、料理もワインも一層おいしく感じたら、その組み合わせは大成功。

×
思わず吐き出したくなった…

まずいと感じたら失敗。ワインが好みでなく、料理との組み合わせも悪いということ。

△
なんだかよくわからない

可もなく不可もなしという場合。ワインは好みだが料理と合っていない可能性もある。

Step 3

ワインの評価を記録しておく

評価を必ず記録。左のようなワインの情報と一緒に、合わせた料理も記録しておくと、別の料理との組み合わせで新たな魅力を発見できることも。

- ワインの名前
- 生産地と生産者
- ヴィンテージ
- ぶどうの品種

ワインを変えて同じことを試してみよう。選ぶワインは何でもOK。5～6本繰り返すと、タイプやぶどうの品種など「好みの傾向」が見えてくる。

おいしいワインと出会う

ワインの由来や背景を教えてくれる店で飲もう

リストを眺めているだけでは おいしい一本には出会えない

人気の高まりから、最近では様々な所でオーガニックワインを楽しめるようになりました。高級フレンチやワインバーはもちろん、カジュアルなビストロやレストランでも、オーガニックワインを置いている店が増えています。

一方で、オーガニックワインに対する知識が浅く、減農薬栽培のぶどうを使ったワインや亜硫酸塩無添加ワインをオーガニックワインとして置いている店や、保管状態が悪くて品質を落としてしまっている店もあります。

おいしいオーガニックワインに出会うためには、ワインリストだけをあてにせず、ソムリエやスタッフと積極的にコミュニケーションをとって情報収集することが大切です。産地やぶどう品種はもちろん、生産者やインポーターの情報、流通過程や店での温度管理まで、詳しく尋ねてみることです。

ワインの由来や背景をしっかり語ることができる店なら、そこで扱うワインの品質も確かなものと考えていいでしょう。

（覚えておきたい基礎知識）

Column

好みがはっきりしないうちは おすすめワインをグラスで試して

ワインリストには通常「タイプ（赤、白など）」「産地名」「生産者名」「ヴィンテージ」「価格」が記されていますが、慣れないと読み解きづらいもの。タイプや産地の好みがはっきりしないうちは、大体の味の希望をスタッフに伝え、料理に合うものを選んでもらいます。グラスで色々試して○×△法（p99参照）で好みを見つけましょう。

ワインについて根掘り葉掘り聞いてみよう

生産地はどこ？
インポーターはどんな人？
生産者のこだわりは？
流通過程での温度管理は？
店での温度管理は？
個人生産、それとも工場生産？

ソムリエやスタッフとのコミュニケーションを大切に

オーガニックワインは玉石混淆。ワインリストだけでは良し悪しは判断できない。売り手とのコミュニケーションが必須。産地や生産者の情報はもちろん、ワインの品質を左右する流通についても突っ込んで聞いてみよう。

こんな店はNG

ボトルが無造作に並ぶ店は期待できない可能性大！

ワインの保管方法は要チェック。ディスプレイでなく本物のボトルを店内に並べている店もあるが、高温でダメになっている可能性が高い。

ここが知りたい Q&A

Q 高いワイン＝良質でおいしいということ？

A 値段を決めるのは味だけではないので、一概には言えません。

ワインの値段は品質だけで決まるわけではなく、希少価値やブランドイメージなどの影響を受けます。有名評論家が高評価をつけたことで高騰することも。価格に惑わされず、信頼できる店やスタッフの評価から品質を判断しましょう。

おいしいワインと出会う

ワインセラーのある店か オンラインショップで購入を

高温にも耐えられる オーガニックワインも登場している

オーガニックワインは、専門店のほか、最近ではスーパーマーケットなどの酒類売り場でも見かけられるようになりました。意識の高い小生産者のオーガニックワインは添加物が少ないために一般のワインに比べ高温に弱く、高級ワインと同程度の取り扱いが必要。どこで購入するにしても、しっかりしたワインセラーで保管されているものを選びましょう。

一方で、２０１２年のＥＵオーガニックワイン規定の誕生で、使用可能な添加物の種類や量が増えたことで、工場で生産された高温になっても耐えられるようなオーガニックワインも登場しています。スーパーマーケットや小売店などで常温で販売されているワインの多くが、そういったものです。

また、店が遠方なら、持ち帰る時の温度変化を避けるためにオンラインショップで購入するのもひとつの方法です。スタッフと直接話せないぶん、産地や生産者についての情報量ができるだけ多いサイトを選びましょう。

Column

（覚えておきたい基礎知識）

ラベルを撮影しておくと ワイン探しや情報検索に役立つ

飲んで気に入ったワインは、ラベルを撮影しておきましょう。店でワイン選びに迷ったとき、スタッフに画像を見せて「これと似たものを」と伝えることができます。また、ラベルの画像からワインの味わいや生産地といった情報を検索できるスマートフォン用のアプリケーションも。気になるワインのラベルを撮って調べてみるといいでしょう。

温度管理が完璧な店で購入しよう

スーパーマーケット・大型小売店

常温で販売されている場合は理由を尋ねてみよう

ワインセラー内で販売されているものを選ぶ。ただし、冷蔵品売り場に近くて店内の温度が低いため、あえてワインセラーに入れていない場合もある。

ワインショップ

しっかりしたワインセラーで保管してある場合が多い

最も信頼できるのは専門店。しっかりしたワインセラーとオーガニックワインの繊細さについて知識があり、最適な環境で保管されていることが多い。

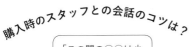

購入時のスタッフとの会話のコツは？

「この間の〇〇は少し重く感じました」
「価格は2000円前後で…」
「〇〇さんのワインが好きです」
「〇〇に合わせて飲みます」

自分のワインの好みをわかりやすく伝える工夫を

予算や飲むシーンに加え、二度目なら前回購入したものの感想も添えると、店側はあなたの好みがわかりやすい。ワインは生産者の個性が現れるため、好きな生産者を伝えるのも手。

オンラインショップ

生産者やワインの紹介文が充実しているショップを選ぶ

宅配便で届くため、夏期のクール便利用などで購入後の温度変化を少なくできるメリットがある。味わいだけでなく産地や生産者などの情報をしっかり開示しているショップで購入を。

初心者でもできるワイン選び 認証と価格がポイント

保管状態が良いことが大前提 認証付きのお手頃価格を選ぼう

オーガニックワインを購入するときに相談できるスタッフがいない場合、品質が確かでおいしいものを自分で選ばなければなりません。保管状態が良いことを前提として、覚えておくべきポイントは２つです。

ひとつ目は、オーガニック認証を取得しているものを選ぶこと。認証には、ＥＵオーガニック規定のほか、様々な民間団体によるものがあります（p38参照）。認証マークのほか、文章で原語表記してある場合もあるので、ラベルを注意深く確認してください。

２つ目は価格帯です。高いワインは個性も強く、料理との相性を選びます。普段の食事に合わせるなら２０００～３０００円程度のお手頃価格が無難です。

慣れてきたら少し冒険して、自由にワイン選びを楽しみましょう。ラベルのおもしろさで選ぶ「ジャケ買い」や、お気に入りの産地や生産者のワインを片っ端から制覇してみるのも楽しいものです。

（覚えておきたい基礎知識）

Column

キャップシール、ラベル、目減り。品質を確かめる３つのポイント

ワインが劣化していないかどうかは初心者でもチェックできます。以下の３つのポイントに注目しましょう。

1：キャップシール。動かないものは液漏れの可能性大。
2：ラベル。汚れていたら温度上昇で液漏れしたワインと同梱されていた可能性が高く、温度管理が心配。
3：目減りしていたら、劣化していると考えられます。

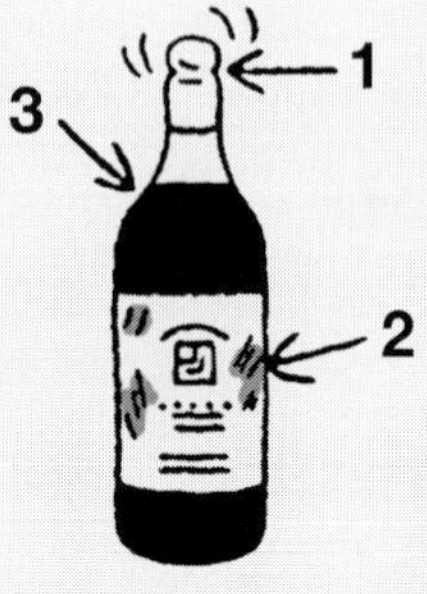

素性が確かで飲みやすいものを選ぼう

素性は？

ラベルの認証マークを確認

オーガニック団体の認証マークは、品質が確かな証。あえて認証を取らない生産者もいるが（p38参照）、まずはマークがあるものを選ぶと安心。

産地は？

ヨーロッパが無難

ワインの消費量が多く産地の歴史も長いヨーロッパは、オーガニックワインの種類が豊富。フランス、イタリア、スペインは特におすすめ。

インスピレーション？

ジャケ買いも楽しもう

オーガニックな生産者のなかには、「自分の作品」という意識から個性的でユニークなラベルにする人も。ラベルの印象で選んでみるのも楽しい。

価格帯は？

2000〜3000円がおすすめ

高いワインは味が強いため、飲みにくく感じたり料理に合わせづらいことが多い。最初のうちは手頃な価格のものが飲みやすい。

独特の表現を覚えて味を想像しよう

ワインの味を表現するときに使われる基本の言い回しを覚えておくと便利。

「重い＆軽い」

主に赤ワインに対して用いる。重い＝凝縮されていて濃い、軽い＝薄く爽やかということ。

「渋味がある」

皮や種に含まれるタンニンという成分。品種により強さが違う。渋柿や烏龍茶で感じるような味。

「酸味がある」

レモンをかじったとき頬が痛くなるような酸っぱさ。ぶどうの酸味に加え、発酵で生じる酸味も。

「甘味がある」

果実の甘さ。品種や完熟度によって異なる。一般的に南のワインは甘く、北のワインは辛い。

「フルーティー」

リンゴや柑橘類など、ぶどう以外の果実のような味わいを指す。赤白どちらにも使われる表現。

「スパイシー」

主に赤ワインで感じられる。ペッパーなどの香辛料のような、ピリッと刺激的なニュアンスのこと。

「ミネラル感がある」

土壌の鉱物（カリウムやナトリウムなど）の風味。良い畑だと強く感じられることが多い。

おいしく飲む

デリケートゆえに焦りは禁物
1日は寝かせてじっくり飲む

休ませることで本領発揮！
抜栓後の変化も味わい尽くそう

オーガニックワインを楽しむときは、たっぷり時間をかけることが肝心。飲む前も最中も、ゆっくり楽しむことを心がけましょう。

まずは、抜栓前。温度変化や振動に影響を受けるため、購入後に持ち帰った後や配送直後はすぐ抜栓せず、冷暗所で休ませましょう。最低でも1日、できれば2～3日程度置いておくと、味や香りが落ち着いて本来のおいしさを発揮できます。

抜栓してからも、慌てて飲むのは禁物です。オーガニックワインの味や香りは、空気に触れることでゆっくりと少しずつ変化します。酸化というとマイナスイメージが持たれがちですが、決してまずくなるわけではなく、表情豊かに変化するもの。その過程をも味わい尽くすのが醍醐味です。

体が嫌がる添加物が入っていないため、喉ごしもなめらか。過ごしやすい季節であれば室温に馴染ませてもおいしくいただけるのが、オーガニックワインの特徴です。

(覚えておきたい基礎知識)

Column

噛むように味わうことで
ワインの味をしっかりキャッチ

ワインを味わい尽くすためには、口の中でワインの香りを立たせるような味わい方がおすすめです。とはいえ、専門家が試飲時にやる口の中で転がす方法は難しいもの。簡単なのは、ワインを噛む方法です。口に含んだら、食事をするようにもぐもぐと噛んでみましょう。口の中で転がすのと同様の効果が得られ、香りがしっかり開きます。

ゆっくり少しずつ喉ごしを楽しもう

POINT 1

購入して持ち帰ったら少なくとも１日は休ませる

持ち帰ったばかりのワインは、温度変化や振動の影響で疲れている状態。少なくとも1日は暗くて温度の低い場所で休ませてから開ける。

POINT 2

少しずつ何度も口をつけ味や香りの変化を楽しむ

時間とともに様々な味や香りが現れるため、がぶがぶ飲むのはもったいない。少しずつ何度も口をつけるようにして、変化を堪能しよう。

POINT 3

飲んでいる最中もボトルの温度管理を徹底

タイプによっては室温でおいしく飲めるが、室温が高い季節はできれば1杯注ぐごとに冷蔵庫やワインセラーにしまい、こまめに温度管理を。

覚えておきたいタイプごとの適温

適温で飲むと味や香りが引き立つ

ワインの味を引き出す適温は、右のように濃厚で渋味が強いものは高め、爽やかで辛いものは低めがセオリー。ただし室温による感じ方の違いや好みもあるため、参考程度にして。

17〜20度	濃厚な赤（フルボディ）
14〜16度	なめらかで果実味のある赤（ミディアムボディ）
10〜14度	軽めの赤（ライトボディ）、コクのある白、ロゼ
7〜10度	辛口の白、シャンパーニュ

刻々と変化していく香りのおもしろさを堪能する

豊かに変化する香りが飲み手を飽きさせることなく続く

一般のワインとオーガニックワインを飲み比べたとき、最もわかりやすいのが香りの違いでしょう。

工業的に造られている一般のワインのなかには、人工の香料によって香りづけされているものがたくさんあります。そもそも原料となるぶどうに香りが足りなかったり、不自然な技術を用いた醸造過程を経て本来の香りが失われてしまうため、香料で補わざるを得ないことがままあるのです。

香料によって補正された香りは、はっきりとして強く、変化しにくいのが特徴です。栓を抜いた直後から強烈に香り、飲んでいる最中も飲み終わってからも、同じ香りが続きます。

一方、オーガニックワインの自然な香りは、抜栓直後はあまり強くありません。空気となじむことで少しずつ香りが立ち、ゆっくりとまろやかに変化していきます。香りとともに味わいも変化し、飲んでいる間中飽きさせません。ぜひその違いを堪能してください。

Column

（覚えておきたい基礎知識）

空気に触れさせることで眠っている香りを立たせる

ボトルからデキャンタと呼ばれる容器に移すことをデキャンタージュといいます。古いワインでは溜まった澱を取り除く目的がありますが、空気に触れさせて酸化させ、香りを開くために行われることもあります。デキャンタがなくても、グラスを2つ用意し、グラス間で1～2回ほどワインを移し替えれば、同様の効果が得られて香りが開きます。

どんどん変わる香りをかぎ尽くそう

オーガニックワインの香りはゆっくり現れる

抜栓直後はまだ香りが眠っている状態

抜栓直後は、長い間ボトルの中に閉じ込められていて、香りがまだ眠っている状態。強く香らない。

▶▶

少しずつ変化して様々な香りが現れる

時間とともに香りが立ち、どんどん変化する。いい香りだけでなく、途中で少し変な香りが現れることも。

▶▶

最後にはワインの香りがしなくなる

開ききった香りは少しずつ薄くなっていき、最後は特徴が消える。飲み終えた後も残るようなことはない。

香りをもっと楽しむかぎ方のコツ

STEP 1

グラスの一番太い高さまで注いで静かにかぐ

グラスの中に香りが立ち上る空間を残すため、一番太い高さまで注ぐ。動かさず静かにかいでみよう。

▶▶

STEP 2

グラスを静かに回して香りを立たせる

テーブルの上で小さな円を描くように、グラスの脚を静かに回す。空気が取り込まれ、香りがより開く。

▶▶

STEP 3

よりはっきりと現れた香りを楽しむ

空気に触れると、より鮮やかで力強い香りが現れる。香りがあまり変わらなければもう少しグラスを回して。

おいしく飲む

オーガニックワインには オーガニックな一皿を合わせる

強い調味料でごまかさず 素材の味を楽しむ料理とぴったり

ワインは、相性の良い料理と一緒に味わったときに初めてその真価を発揮します。オーガニックワインもまた然り。合わせる料理の選び方は、基本的には一般のワインと同じです（下記のコラム参照）。

ただし、注意したいこともあります。オーガニックワインは添加物の量が少なく香料なども使用しないため、香りも味もとても繊細。化学調味料をたっぷり使用した強い味付けの料理ではバランスがとれず、せっかくのおいしさが台無しです。できるだけ新鮮で質の良い食材を使い、強い調味料でごまかさず丁寧に作った料理を合わせたいものです。

薄味で素材そのものを楽しむ和食は、ぴったり。現に、割烹や寿司屋でもオーガニックワインは人気です。普段食卓に並べるお浸しや煮物、お造りなども、新鮮な素材を選んだり時間をかけて煮たりして、少し丁寧に仕上げてみましょう。お互いの繊細な味を邪魔せず、引き立て合うこと間違いなしです。

Column

（覚えておきたい基礎知識）

肉×赤、魚×白を基本として 食材の色の濃淡に合わせよう

「肉料理には赤、魚料理には白」というのが、ワイン選びのセオリーとして知られています。しかし一概にそうとも言えず、脂が少ない鶏肉やしゃぶしゃぶには白が合いますし、マグロなどの赤身の魚やバターを使ったムニエルには軽めの赤が合います。食材の色と料理の濃淡を見て、濃いものには赤、淡いものには白が基本です。

繊細で丁寧に作られた料理にぴったり

化学調味料を避け できるだけ自然に

味の強い化学調味料は、オーガニックワインの繊細な味わいをもかき消してしまう。料理に使う調味料は、原材料を確認して化学物質無添加のものを選ぶようにしよう。

オーガニックな 食材を選ぶ

オーガニック栽培の野菜、ホルモン剤や抗生物質の投与が少ない肉など、できるだけナチュラルな食材を使った料理を合わせて。素材が持つ味とワインの組み合わせを楽しもう。

ワインの産地の 郷土料理と一緒に

その土地の名産物を使って作る郷土料理と、地元のぶどうを使ったオーガニックワインとの相性は抜群。産地に伝わる料理のレシピや食材を調べて作ってみるのも一興。

繊細な味を持つ 和食に合わせる

お浸しやお吸い物、刺身など。調味料に頼らず素材の味を生かした繊細な味わいの和食も、ワインを選べば味を邪魔することなく一緒に楽しむことができる。

ここが知りたい Q&A

Q 甘いものに合わせるときのコツはありますか？

A 特に和菓子とは相性抜群！ ○×△法（P99 参照）で色々試して

ワインとスイーツのマリアージュを試すならぜひ和菓子と合わせてみてください。小豆や和三盆のやさしい甘さがより引き立ちます。なかでも桜餅やお団子と、すっきりしたプロヴァンスのロゼや白との相性は感動的です！

おいしく飲む

購入後から保管まで移ろいやすい味や香りを守るコツ

添加物の量が少ないため温度管理には細心の注意を

品質を守るために、何よりも気をつけたいのが温度管理です。そもそも、どんなワインも高温を嫌うもの。高温が続くと味や香りが失われるほか、急速に温度が上がることで、瓶の中でワインが膨張して噴き出してしまうこともあります。

オーガニックワインの場合は、特に注意が必要です。酵母の活動を抑制したり酸化を防いだりする添加物を必要最小限しか含まないため、温度変化に非常に敏感。一般のワインであれば品質が変わらないような温度でも、致命的なダメージを受けてしまうことがあります。購入直後から、飲むまでの間、抜栓した後も、温度管理には十分気を遣いましょう。

ワインはとてもデリケートな飲み物。温度変化の他にも乾燥や光、振動など、大敵となるものはたくさんあります。これらの大敵をできるだけ排除し、良い環境下での保管と保存を心がけて下さい。家庭用のワインセラーを備えておくのもいいでしょう。

ワインの大敵は？

温度変化

高温は変質を招き、低温は熟成を止める。温度変化は液漏れの原因にも。適温は10～18度。

乾燥

コルクの繊維が締まって抜栓しにくくなったり、隙間ができて酸化が進む。適した湿度は90%。

光

紫外線はワインの酸化や変色を招く。太陽光のほか、蛍光灯や白熱灯にも注意が必要。

振動

ボトル内で対流が起こり、熟成のバランスが崩れる。沈殿した澱が舞い上がる原因にもなる。

空気

空気に触れることで酸化し、味も香りも変化する。抜栓後はできるだけ空気に触れさせないで。

臭い

異臭がある場所に長く置くと、臭いが移ってしまう。ボトルに入っていても油断は禁物。

持ち帰るとき

できれば保冷バッグ持参で温度管理

ワインショップから持ち帰るときは、温度変化や光、振動などの大敵にさらされる。できるだけワインに負担をかけない気遣いを。

数十分程度なら そのままでも大丈夫

温度変化や光に弱いとはいえ、数十分程度ならそれほど神経質にならなくてもいい。持ち帰ったら速やかにワインセラーや冷暗所に置いて、休ませておけば大丈夫。

オンラインショップの 利用も検討しよう

ワインショップが遠方にあるときや、外と室内の温度変化が激しい真夏は、持ち歩く間にワインにかかる負担が大きくなる。オンラインショップで購入するのも手。

CAUTION!

クール便で届けてもらうなら 室温になじませるひと手間を

到着後の急激な温度変化を避けるため、室温を低くし、すぐ箱を開けず室温に馴染ませて。

ワインバッグを 持参すると安心

市販の専用バッグには、温度変化や日光からワインを守る機能がある。保冷剤を入れられるものなど様々なタイプがある。持ち歩き用にひとつ揃えておくと便利。

ここが知りたいQ&A

Q 海外で買ったオーガニックワインを持ち帰ることはできますか?

A 普通のワインよりデリケートなので注意して。

暑い時期に持ち歩くと劣化するリスクが高いのでおすすめできませんが、涼しい季節ならば持ち帰ることができます。発泡スチロールの専用箱に入れて預け入れ荷物にするなどして、急激な温度変化を避けましょう。

保管するとき

短期間なら押し入れや冷蔵庫へ

自宅での保管はワインセラーが最も安心。ただし、室温にもよるが、1～2週間程度なら暗い物置や冷蔵庫で保管することができる。

長期間保管するならワインセラーで

長期熟成型のワインを保管したいときは、迷わずワインセラーへ。コンプレッサー式だと振動でワインが劣化するリスクがあるので、ペルチェ式（下記参照）を選ぶといい。

真夏以外の季節は物置などに常温で保管

ワインセラーがないときは、玄関収納や押入れへ。冷暖房や光が当たらず温度変化が少ないため、保管に適している。新聞紙などで包むか箱に入れ、コルク栓が乾かないよう寝かせた状態で置いておく。

夏場は紙でくるみ、冷蔵庫の野菜室で保管

冷蔵庫は涼しすぎるため保管には向かないが、夏場は別。乾燥を避けるために紙でくるみ、温度が低すぎない野菜室で寝かせて保管。品質が落ちないうちに早めに飲む。

安価で手に入りやすくなった家庭用ワインセラー

以前は高嶺の花だったワインセラーだが、ペルチェ式（半導体素子のペルチェ効果を利用して冷却する方法）の登場でお手頃価格に。家庭用の小型のセラー（8本収納など）が、1～2万円台で入手できるようになった。おいしくオーガニックワインを楽しむためにはぜひおすすめ。

飲み残しを保存するとき

栓をして涼しい場所で1週間程度

飲み残した場合も、右ページの保管時と同じ涼しい場所で適切な状態で保存することで、しばらくはおいしく飲むことができる。

小さな容器に移すのも効果的

飲み残しがギリギリ入るくらいの小瓶に移す。瓶内の空気の量を少なく保つことで、酸化を遅らせる。ただし雑菌を避けるため、小瓶はあらかじめ煮沸消毒を（火傷に注意！）。

2日以上置くなら空気を抜いておく

市販の密閉用の栓なら、小型の手動ポンプで瓶内の空気を抜いておくことで、飲み残しの酸化を遅らせることができる。2日以上置いておく場合は、使用したい。

コルク栓はラップで密閉度アップ

最も手軽な方法は、抜いたコルクで再び栓をすること。コルクにラップを巻いてから栓をすると、より空気が通りにくい。栓をしたら冷蔵庫のドアポケットに立てて保存。

ここが知りたいQ&A

Q 酸化しやすいから、すぐ飲み切らないといけないのでは？

A それは誤解。むしろ翌日の方がおいしいことも。

酸化防止剤の添加が少ないため酸化しやすいと思われがちですが、質の良いワインの多くは、抜栓した日よりもむしろ翌日の方がおいしくなります。飲み残しは冷蔵庫で保存し、翌日も堪能してください。

より深く楽しむ

オーガニックならではの味の個性やバラつきを楽しむ

ワインは自然な営みの産物 味が揃わないことこそが魅力

オーガニックワインは、実に個性豊かです。産地やぶどう品種、生産者、年度によって特徴があるのはもちろん、同じ生産者が同じ品種で造るワインであっても、生産ロットごとに味が異なることすらあります。

大きな市場で流通させる商品としては、味が揃わないことは致命的です。しかし、本来のワインは、自然なぶどうの営みを生かして造られる飲み物。不揃いになるのは当たり前のことなのです。むしろそれこそが、オーガニックワインの魅力ともいえます。

以前はピンとこなかった銘柄が、年度を変えるとおいしく感じられることもあれば、気に入って何度もリピートしている銘柄が突然違った表情を見せてくれることも。生産者による違いもオーガニックワインではよりはっきりと感じられます。同じ銘柄を続けて飲んで味の違いを感じてみたり、気に入った地方と品種で生産者を変えてみたりして、オーガニックワインならではの「バラつき」を楽しみましょう。

Column

（覚えておきたい基礎知識）

おいしくない？　思った味と違う？ 最初の一口で判断しないで

抜栓したばかりのワインは、香りが閉じ込められ縮こまった状態（p108参照）。最初の一口でおいしくないと感じても、まだ本領発揮していないだけかもしれません。まずはしばらくそのまま置いておいて様子を見ます。食事が終わってもまだ変わらなければ、翌日まで待ってみて。次の日に飲むと、驚くほど印象が変わっている場合もあります。

お気に入りを見つけたら次のステップへ

同じワインでヴィンテージを変えてみる

オーガニックワインはその年のぶどうのできを反映して味が変わるもの。同じワインでも、別の年（ヴィンテージ）のワインを飲んでみると違いが感じられておもしろい。

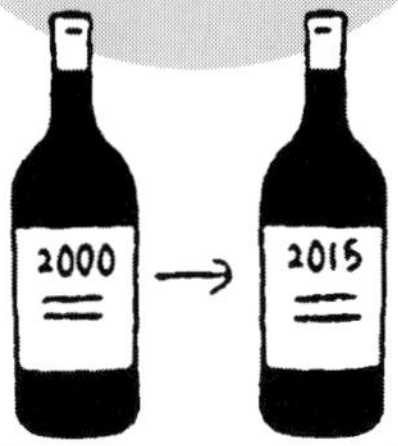

同じ地域の別の生産者のワインを飲んでみる

オーガニックワインには、畑から伝統的な醸造法までその生産地ならではの特徴が現れる。同じ生産地で、他の生産者が造るワインを飲んでみて、違いを確かめるのも楽しい。

同じ生産者が造った他のワインを飲んでみる

生産者の人柄やこだわりがわかりやすく現れるのもオーガニックワインならでは。気に入った生産者が造るものなら、他のタイプのワインも好みに合う可能性が高い。

ここが知りたいQ&A

Q 悪天候の年のオーガニックワインはどうなるの？

A 量を減らしたり、格付けを落とす生産者もいます。

オーガニック農業は化学肥料や農薬を用いないため、自然の影響を真正面から受けます。思いきって剪定して収穫量を半分以下に落とし、ぶどうの力を集中させる生産者や、仕方ないとあきらめて格下げして出荷する生産者もいます。

格付け：ワインの品質を示す方法の一つ。生産地やぶどうの糖度、熟成方法などによって評価され、基準は国や地域により異なる。一般的に格が上がるほど「良いワイン」とされるが当てはまらない場合もある。

より深く楽しむ

生産地、生産者を訪ねて生活のなかのワインに触れる

本来の姿を知るために ワイン誕生の現場を訪ねる

　ワインは本来、日々の食卓を彩る土着的な飲み物です。しかし、生産地から遠く離れた日本ではそんなワイン本来の姿を実感することは難しいもの。ぜひ一度、生産者のもとを訪ねてみることをおすすめします。

　生産地を訪ねることで、ワインの個性を育む土壌の特徴を肌で感じることができます。特にいきいきとしたオーガニック栽培の畑は一見の価値があります。

　また、生産者との触れ合いも素晴らしい体験です。オーガニックワインの生産者たちはみんな、ワイン造りだけでなく自然環境を守ることや、ナチュラルなライフスタイルを送ることに対してそれぞれこだわりを持っています。そうした熱い思いに触れることで、オーガニックワインに対する理解が深まります。

　生産者のなかには、オーガニック農業の啓発も兼ねて、見学者を積極的に受け入れたり見学ツアーを開催している場合も。お目当ての生産者について調べてみましょう。

（覚えておきたい基礎知識）

Column

インポーターが主催する見学ツアーをチェックしよう！

生産者に直接アポイントをとるのが難しかったり、言葉の壁が心配という人は、インポーターが開催する見学ツアーに参加するのもおすすめです。見学に適した信頼できる生産者を選んでもらえますし、通訳がついて移動手段も用意されているので、気軽に参加できます。インポーターのホームページを見たり、問い合わせてみたりしましょう。

ワインが持つ物語を直接見て確かめる

地理や気候を感じつつ試飲が楽しめる

生産地特有の地理や気候を感じながら、数々のワインの試飲を楽しむことで、ワインが持つ個性をより体感的に理解することができる。

生産者の人柄やこだわりを知る

オーガニックワインの生産者は大抵、環境保護やワイン造りへの熱い思いを持つ。その人柄に触れ、こだわりを直接聞くことができるいい機会。

ライフスタイルを学ぶことができる

オーガニックは「生き方」でもある。ワイン造りだけでなく、食事や生活の知恵など、生産者のライフスタイルに触れるのも楽しいもの。

生産者を訪ねるときの基本のマナー

畑や醸造所の見学ツアーを行うなど、来訪を歓迎する生産者も。必ず事前に予約を。

1 繁忙期は外して予約する

畑の様子を見るには夏～秋の収穫期が理想だが、生産者にとっては収穫と仕込みで忙しく神経もピリピリ。繁忙期は外した方が親切。

2 酔いすぎないよう対策を

試飲で泥酔して他の見学客に迷惑をかけないように。事前に何か食べたり、味と香りを確認したらバケツに吐き出すなどの対策を。

3 購入について話しておく

長時間居座ってワインを買わないのは失礼。購入しないときは試飲料をとる場合も。購入できないなら事前に伝えて。

より深く楽しむ

お気に入りのワインを持ち込んでプロの料理と楽しもう

持ち込みの可否や料金を事前にしっかり確認しておく

様々な店で楽しめるようになったとはいえ、一般のワインに比べるとオーガニックワインの流通量はまだまだ少ないのが現状です。そこでおすすめなのが、飲食店へのワインの持ち込み。BYO（Bring your own）と呼ばれます。自分のお気に入りのオーガニックワインをおいしい食事と一緒に楽しめる、夢のようなシステムといえるでしょう。

店に対する遠慮から切り出しにくいという人もいますが、条件付きで持ち込みを許可する店は増えています。大抵の場合、1本につきいくらというふうに「持ち込み料金」が設定されています。これは、店のグラスの使用料や、ワインを冷やしてもらったり、複数のワインを持ち込んだ場合に料理に合う順番で出してもらう手数料として払うもの。店によって異なるため、事前に確認して予約しましょう。店によっては、料理に合うワインを事前に相談できたり、シェフがワインの味に合わせて料理をアレンジしてくれる場合もあります。

（覚えておきたい基礎知識）

Column

ワインを持ち込んだ場合は、店の人にもぜひ1杯すすめて

BYOを認めているような店のスタッフはワイン好きが多く、持ち込まれたワインに興味を持っています。雰囲気次第では、「1杯いかがですか？」「シェフにも一口差し上げてください」などと声をかけてみるといいでしょう。フレンドリーな関係が築けますし、料理の味付けをぴったりと合わせてもらえることもあります。

BYO Club（ビーワイオークラブ）：https://byoclub.net/
日本全国でワインの持ち込みができる店を検索できるウェブサイト。店舗情報と合わせ、ボトル1本にかかる値段など、持ち込み条件（BYO条件）も公開している。

料理や店の雰囲気に合わせて持ち込みを

POINT 1

持ち込み OK の店を探す

ワインの持ち込みができるかどうか、店に聞く。または「BYO Club」などの持ち込み可能店が検索できるウェブサイトで店を探す。

POINT 2

持ち込みの条件や料理の特徴を確認して予約

本数や持ち込みにかかる料金などの条件を確認して予約する。店の雰囲気や料理の特徴について前情報があると、持ち込むワインを選ぶときの参考になる。

POINT 3

ある程度飲み慣れて料理との相性を理解してから

せっかく良いワインを持ち込んでも、料理と合わなければ残念な結果に。料理との組み合わせについて、大体のセオリーと自分の好みを把握してからチャレンジしよう。

一般的な順番を覚えてワインをサーブする

軽いワインから重いワインの順に進めていくのが基本

数種類のワインを料理と一緒に楽しむなら右のような順番が一般的。まずは前菜とともに泡で乾杯。軽い魚料理＆白ワインに次いで、メイン料理＆赤ワイン。デザートに甘口ワインで締めれば完璧。

より深く楽しむ

大切な人、大切なシーンに体にやさしい一本をセレクト

年配の人からワイン通まで様々な人に贈りたい

飲み心地がやさしく悪酔しにくいオーガニックワインは、大切な人への贈り物にぴったり。アルコールに慣れていない人や、健康に気を遣う人にも安心してすすめられます。「ワインの味は好きだけれど頭が痛くなるから苦手」という人にも、ぜひ試していただきたいものです。

ワインを飲み慣れている生粋のワイン通にも、もちろんおすすめです。一昔前までワイン好きの間では、オーガニックワインというと「体に良くても味は劣る」という見方が一般的でした。流通過程や店での温度管理が行き届かないために品質が落ち、「オーガニックワイン＝おいしくない」というイメージが定着してしまったことなどが原因です。

今ではオーガニックワインの取り扱いへの理解も少しずつ深まり、保管状態の良い店も徐々に増えてきています。信頼できる専門店で、オーガニックワインの〝誤ったネガティブイメージ〟を覆せるような質の良いものをギフトに選びましょう。

Column

（覚えておきたい基礎知識）

ワインをいただいたときは料理や会の雰囲気に合うか判断

ホームパーティーなどでワインの差し入れがあったときは、お礼を伝えてコメントを聞きます。お客様がすぐに飲みたいと思っているようなら、適温で（白なら氷水の入ったバケツに入れて冷やす）出して。用意した料理に合わない場合や、会の雰囲気にそぐわない高級なワインの場合は、最適な環境で保管し、次の機会にとっておきましょう。

健康に気を遣う人には特に喜ばれる

退職祝い

就職したヴィンテージのワインを探して

長年勤め上げた上司への贈り物に。少し値は張るが、上司が就職した年のヴィンテージのワインを選ぶとスペシャル感が出る。

還暦祝い

ラベルは赤。長寿を祈って体にいいワインを

飲み口も体にもやさしいオーガニックワインは健康を気遣う年配の方への贈り物に最適。赤いラベルならよりおすすめ。

子どもの誕生日

初めてのお酒として悪酔いしにくくぴったり

子どもの20歳の誕生日に、初めてのお酒として一緒に楽しみたい。悪酔いしにくいため、アルコールに慣れていない若者にも安心。

ワイン好きの知人

専門店で相談して、はずれなしの一本を選ぶ

ワインに造詣の深い人のなかには、オーガニックワインというと味を疑う人も。信頼できる専門店ではずれなしの逸品を選んでもらおう。

ホームパーティーの手土産に

スパークリング&オーガニックで華やかに盛り上げて

賑やかな集まりを盛り上げたいなら、断然スパークリング。体にやさしいため、酒量が増えるパーティーで飲むにはぴったり。

結婚祝いに

前途を祝して赤白をセットで

同じ生産者の造る赤白をセットで。ワイン好きで上手に保管できる相手なら、2人の記念日に飲んでもらうよう長期熟成型を贈るのも◎。

飲みたい一本がきっと見つかる！

タイプ＆味わい別ワイン INDEX

ここぞというときに

中・重口の赤ワイン

気負わず楽しめる

軽口の赤ワイン

フルーティーな白ワイン

爽やかで飲みやすい

赤に負けない存在感

しっかりした白ワイン

使い勝手の良い

すっきりとしたロゼワイン

キリッとドライ!

辛口の泡・微発泡

飲みたい一本がきっと見つかる！

タイプ＆味わい別ワイン INDEX

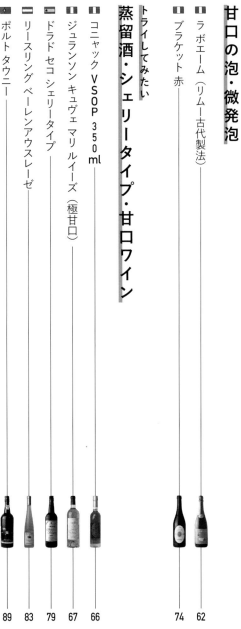

ワインカタログ（p44 ～ 95）について

※ワインの画像は実際の年度とは一致しません。
※価格は全て税抜価格です（2018年2月現在）。

掲載ワインの問い合わせ先

◎オーガニックワイン専門店マヴィ
http://mavie.co.jp/
◎銀座ワイナックス（p87）
http://www.winax.co.jp/
◎株式会社徳岡（p82）
http://www.tokuoka.co.jp/
◎しあわせワイン倶楽部
（p90、91、92、93）
http://www.shiawasewine-c.com/
◎Domaine Chaud（ドメーヌ・ショオ）
（p94、95）
http://www.domainechaud.net/

参考文献

『オーガニック・ワインの本』（春秋社）
『知識ゼロからのワイン入門』（幻冬舎）
『さらに極めるフランスワイン入門』（幻冬舎）
『知識ゼロからの世界のワイン入門』（幻冬舎）
『ワインは楽しい！』（パイインターナショナル）
『ワインの基礎知識－知りたいことが初歩から学べるハンドブック』（新星出版社）
『ナチュラルワイン入門』（地球丸）
『田崎真也のワインを愉しむ』（毎日新聞社）
『今夜使えるワインの小ネタ　知ればおいしい！』（講談社）
『おいしいワインの事典』（成美堂出版）
『ワイン』（柑出版社）
『ヴァン・ナチュール　自然なワインがおいしい理由』（誠文堂新光社）

田村 安（たむら　やすし）

大手食品メーカーのマーケティングマネージャーとして、ドイツ、フランスに通算10年駐在。駐在中にオーガニックワインと出会い、帰国後1998年にマヴィ株式会社を設立する。著書の『オーガニックワインの本』（春秋社刊）で、グルマン・ワールド・クックブック・アワード日本書部門2004年ベストワインブック賞を受賞。2007年にフランス農事功労章シュヴァリエ勲章を受勲。「ライフスタイルとしてのオーガニック」を紹介する講演活動を全国で行うほか、飲食店にワインを持ち込む飲食スタイルを普及するため「BYO Club」を創設。NPO法人オーガニック協会代表理事。

装幀　石川直美（カメガイ デザイン オフィス）
本文デザイン　瀬戸冬実
イラスト　さいとうあずみ
執筆協力　大山沙織（マヴィ株式会社）
校正　黒石川由美
編集協力　オフィス201
編集　鈴木恵美（幻冬舎）

知識ゼロからのオーガニックワイン入門

2018年2月10日　第1刷発行

監　修　田村　安
発行人　見城　徹
編集人　福島広司

発行所　株式会社　幻冬舎
〒151-0051　東京都渋谷区千駄ヶ谷4-9-7
電話　03-5411-6211（編集）　03-5411-6222（営業）
振替　00120-8-767643
印刷・製本所　株式会社 光邦

検印廃止

万一、落丁乱丁のある場合は送料小社負担でお取替致します。小社宛にお送り下さい。

定価はカバーに表示してあります。

ISBN978-4-344-90330-2 C2077
Printed in Japan
幻冬舎ホームページアドレス　http://www.gentosha.co.jp/
この本に関するご意見・ご感想をメールでお寄せいただく場合は、comment@gentosha.co.jpまで。